# DeepSeek 魔法书

## 从作业到兴趣的AI通关攻略

李新虹　李颖智 ◎ 编著

机械工业出版社
CHINA MACHINE PRESS

在人工智能（AI）日益融入人们日常生活的今天，DeepSeek 作为一款功能强大的 AI 助手，正逐渐成为孩子们学习与生活中的贴心伙伴。它不仅具备强大的语言理解与生成能力，还能像朋友一样陪伴在你身边，帮助解决问题、激发创意，带你走进一个充满智慧与乐趣的 AI 世界。

本书围绕 DeepSeek 的功能与使用方法，从 AI 的基础知识讲起，深入介绍了如何通过 DeepSeek 辅助语文、数学、英语、科学等学科的学习，并结合丰富的实践项目，如写诗、编故事、做 PPT、设计小游戏等，引导孩子们在动手中理解 AI、在探索中掌握 AI。同时，还介绍了 AI 在家庭、健康、心理和创意生活中的多元应用。

本书语言生动、图文并茂，内容通俗易懂，同时随赠教学视频、提示词手册、思维导图等海量学习资源，特别适合对 AI 充满好奇和兴趣的中小学生以及对如何能正确引导他们用好 AI 感兴趣的教师和家长阅读。它不仅是一本实用的 AI 入门手册，更是一本激发孩子创造力与未来科技素养的魔法指南，让每一位读者在轻松学习中，与 AI 共同成长，迈向未来。

**图书在版编目（CIP）数据**

DeepSeek 魔法书：从作业到兴趣的 AI 通关攻略 / 李新虹，李颖智编著. -- 北京：机械工业出版社，2025.5. -- ISBN 978-7-111-78232-2

Ⅰ. TP18

中国国家版本馆 CIP 数据核字第 2025BD7668 号

机械工业出版社（北京市百万庄大街 22 号　邮政编码 100037）
策划编辑：丁　伦　　　　　　　　　责任编辑：丁　伦　陈崇昱　马　超
责任校对：张勤思　马荣华　景　飞　责任印制：常天培
北京联兴盛业印刷股份有限公司印刷
2025 年 6 月第 1 版第 1 次印刷
170mm×240mm・13.75 印张・203 千字
标准书号：ISBN 978-7-111-78232-2
定价：69.00 元

电话服务　　　　　　　　　　网络服务
客服电话：010-88361066　　　机　工　官　网：www.cmpbook.com
　　　　　010-88379833　　　机　工　官　博：weibo.com/cmp1952
　　　　　010-68326294　　　金　书　网：www.golden-book.com
**封底无防伪标均为盗版**　　机工教育服务网：www.cmpedu.com

# 前言

随着人工智能（Artificial Intelligence，AI）的迅猛发展，我们正迎来一个全新的时代。曾经只存在于科幻小说中的 AI，如今已真实地走进了我们的学习与生活中。作为新一代智能大模型，DeepSeek 的出现，不仅展示了强大的语言理解、任务执行和内容创作能力，更为教育领域带来了前所未有的多种可能。它不再只是一个"工具"，而是一个会思考、能表达、会陪伴的"AI 伙伴"。

教育一直是国家未来发展的关键，而每一次技术的进步都在重塑我们的学习方式。DeepSeek 的引入，为个性化学习提供了新方案，还能在学生遇到困难时提供及时帮助。尤其是对中小学生来说，它不仅能激发兴趣、启发思维，更能培养学生主动学习、创新、创意和表达的能力。

在日常学习中，DeepSeek 扮演着多种角色：写作文时，它是灵感助手；做数学题时，它是思路引导者；练英语时，它能陪你对话；做科学项目时，它能回答各种"为什么"；课后还可以帮你设计 PPT、创作故事、设计小游戏，甚至带你入门编程。它正在悄悄改变孩子们的学习方式，让学习变得更加轻松、有趣、充满探索。

为了帮助学生、家长和老师更好地认识和使用这位"AI 伙伴"，我们特别编写了这本《DeepSeek 魔法书：从作业到兴趣的 AI 通关攻略》。全书内容系统、结构清晰、操作简单，既可以作为 AI 启蒙读物，也可以用于家庭教育和课堂教学参考。希望它能成为你开启 AI 学习之旅的好帮手，在通向未来的路上，点亮智慧与创意的火花。本书共分为 6 章，具体内容如下。

第 1 章引导读者认识 DeepSeek 的来龙去脉，理解 AI 的基本概念、工作原理与实际能力，帮助学生构建初步的人工智能认知体系。

第 2 章以动手实践为核心，从注册使用到完成任务，引导学生一步步掌握使用 DeepSeek 的基本技能，并通过小项目激发个人的创造力。

第 3 章将 DeepSeek 的应用延伸到学科学习中，帮助学生在语文、数学、英语等科目上提升学习效率，使 AI 成为孩子学习过程中的得力助手。

第 4 章则拓展 DeepSeek 的应用到个人兴趣和创意表达领域，通过科学探索、制作小报和 PPT、编程启蒙等激发孩子的创造力，让 AI 成为孩子生活中的创意伙伴。

第 5 章拓宽视野，将 DeepSeek 的应用延伸到家庭生活、健康生活、心理健康和创意生活等领域，让 AI 成为孩子生活中可信赖的朋友。

第 6 章则是"AI 工具百宝箱"，介绍绘画、音乐、编程、翻译等领域的其他 AI 工具，帮助孩子拓宽视野、激发兴趣、丰富应用场景。

本书还附带一个附录，介绍 Python 的获取与安装。

本书具有五大特色：语言生动浅显、案例贴近生活、结构循序渐进、内容丰富多元、实践导向鲜明。读者不仅可以通过本书了解 AI 的知识，更可以通过动手实践获得真实的技能与成就感。尤其是针对中小学生的学习特点与认知规律，本书设计了大量贴近校园学习和日常生活的应用场景与任务项目，使阅读与学习更具代入感和趣味性。

本书的目标读者不仅包括中小学生，还包括希望了解 AI 教育的教师与家长。教师可将其作为 AI 课堂教学、科技创新课的补充教材；家长可以借助本书陪伴孩子共同探索科技世界；学生则可以在阅读中提升数字素养与信息能力，为日后深入学习打下坚实的基础。

展望未来，AI 将成为我们学习、生活和工作的必备工具，而 DeepSeek 则有望成为孩子们通往未来世界的"智慧钥匙"。愿这本书能为更多孩子打开通往 AI 世界的大门，让他们在探索中成长，在实践中自信，在创造中找到乐趣与价值。未来属于每一个敢于想象、勇于行动、善于学习的孩子，而 AI，将是陪伴他们的最忠实伙伴之一。

# 写给中小学生和家长的一封信

亲爱的同学们、尊敬的家长朋友们：

你们有没有想过，有一天，我们的作业可以由一个"聪明的伙伴"来协助完成？有没有想过，写作文不再头疼，数学题也能有人一步一步讲解给你听，甚至在学习之外，还有 AI 可以陪你聊天、画画、写歌、做 PPT、编故事？听起来像是童话吧？但这并不是遥不可及的梦想，而是今天已经悄然来到我们身边的现实——DeepSeek，就是这样一个神奇的 AI 伙伴。

DeepSeek 是一种非常强大的人工智能大语言模型，它能听懂我们的语言，明白我们的意思，还能用自己的"智慧"回答问题、生成内容、提出建议。它就像一位超级厉害的老师，又像一位永远在线的好朋友。当你在写作文时，它可以帮你构思；当你在背单词时，它能跟你对话练习；当你做数学题卡壳了，它能一步一步带你分析解法；甚至当你有小情绪时，它也能倾听、安慰、鼓励你。AI 不再只是冰冷的机器，而是可以陪伴你成长、与你一起探索世界的伙伴。

为了让大家更好地了解和使用 DeepSeek，我们特别为中小学生和家长朋友们编写了这本《DeepSeek 魔法书：从作业到兴趣的 AI 通关攻略》。这本书内容非常丰富，既是"AI 使用说明书"又是"成长训练营"，更是"创意工具箱"。

这本书语言浅显、图文并茂、案例丰富，不需要任何 AI 基础也能看懂。我们精心设计了很多贴近学习生活的例子和任务，既可以自己一个人读，也适合和爸爸妈妈一起探索。如果你是老师，还可以将本书作为孩子们的 AI 启蒙课的参考资料。

亲爱的同学们，AI 的时代已经来临，未来的世界会需要越来越多既懂科技、又充满想象力的人。这本书并不是考试的辅导书，而是帮你打开兴趣之门、点燃学习热情的"魔法钥匙"。愿它能让你发现学习其实可以很有趣，AI 也可以很温暖，未来更可以由你自己掌控。

亲爱的家长朋友们，AI 并不只是高不可攀的前沿科技，它也可以成为家庭中陪伴孩子学习成长的一部分。这本书将帮助您了解孩子接触 AI 的意义和方法，为培养他们未来的数字素养打下基础。希望您能在与孩子共同阅读、共同成长的过程中留下一段美好时光。

下面，让我们一起走进 AI 的奇妙世界，和 DeepSeek 成为朋友，开启一段智慧与创意相伴的成长之旅！

写给每一位未来的 AI 探索者。

编 者

# 目 录

前 言
写给中小学生和家长的一封信

**第1章　认识 DeepSeek——AI 世界的奇妙伙伴** …………………… 1

　1.1　什么是 DeepSeek ……………………………………………… 1
　　1.1.1　DeepSeek 的诞生：AI 是如何来到我们身边的 ………… 1
　　1.1.2　DeepSeek 能做什么：AI 的超级能力 …………………… 4
　　1.1.3　DeepSeek 与我们的生活：从学习到娱乐 ……………… 7
　1.2　DeepSeek 的"大脑"是如何工作的 ………………………… 9
　　1.2.1　人工智能的基本概念：像人一样思考的机器 ………… 9
　　1.2.2　DeepSeek 的学习方式：从数据中获取知识 ………… 11
　　1.2.3　DeepSeek 的"记忆"与"推理"：如何解决问题 … 13

**第2章　动手实践——与 DeepSeek 一起玩转 AI** …………………… 14

　2.1　DeepSeek 初体验：快速上手 ……………………………… 14
　　2.1.1　注册与登录：如何开始使用 DeepSeek ……………… 14
　　2.1.2　界面介绍：认识 DeepSeek 的功能模块 ……………… 17
　　2.1.3　第一个任务：让 DeepSeek 帮你写一首诗 …………… 18
　2.2　DeepSeek 小项目：动手实践 ……………………………… 23
　　2.2.1　制作一个 AI 小助手：帮你管理日程 ………………… 24
　　2.2.2　设计一个 AI 小游戏：和 DeepSeek 一起玩游戏 …… 27

2.2.3　创作一个 AI 小故事：用 DeepSeek 编写故事 ………… 31
　2.3　DeepSeek 创意挑战：展示你的 AI 作品 ………………… 35
　　2.3.1　创意比赛：用 DeepSeek 完成一个创意项目 ………… 36
　　2.3.2　作品展示：分享你的 AI 作品 ………………………… 39

## 第 3 章　DeepSeek 玩转学科学习——提升学习效率 …………… 43

　3.1　DeepSeek 帮你学语文 ……………………………………… 43
　　3.1.1　智能作文助手：从构思到成文 ………………………… 44
　　3.1.2　古诗词解析：轻松理解古诗背后的故事 ……………… 47
　　3.1.3　阅读理解小帮手：快速找到文章的重点 ……………… 51
　3.2　DeepSeek 帮你学数学 ……………………………………… 56
　　3.2.1　数学题解析：一步一步教你解题 ……………………… 56
　　3.2.2　数学思维训练：让 DeepSeek 帮你提升逻辑能力 …… 60
　　3.2.3　解决数学应用题：让 DeepSeek 帮你建立数学模型 … 66
　3.3　DeepSeek 帮你学英语 ……………………………………… 72
　　3.3.1　让 DeepSeek 帮你记单词：掌握词汇更轻松 ………… 72
　　3.3.2　让 DeepSeek 帮你学语法：掌握英语规则更轻松 …… 76
　　3.3.3　让 DeepSeek 帮你写英语作文：提高写作表达能力 … 82

## 第 4 章　DeepSeek 探索个人兴趣——激发创意无限可能 ……… 89

　4.1　DeepSeek 帮你学科学 ……………………………………… 89
　　4.1.1　让 DeepSeek 帮你理解科学概念 ……………………… 90
　　4.1.2　让 DeepSeek 帮你做科学实验：探索科学的奥秘 …… 93
　　4.1.3　科学小故事：了解科学家和他们的发现 ……………… 97
　4.2　DeepSeek 帮你做小报和 PPT ……………………………… 98
　　4.2.1　小报设计助手：用 DeepSeek 生成创意小报 ………… 99
　　4.2.2　PPT 制作小帮手：快速制作精美的演示文稿 ………… 102
　　4.2.3　内容优化建议：让小报和 PPT 更吸引人 …………… 108

## 目 录

### 4.3 DeepSeek 与编程启蒙 ················ 112
- 4.3.1 编程入门：用 DeepSeek 学习简单的编程概念 ······ 112
- 4.3.2 编程小游戏：通过游戏理解编程逻辑 ············ 117
- 4.3.3 编程小项目：用 DeepSeek 完成一个简单的编程任务 ············ 120

## 第 5 章 DeepSeek 开启智能生活——让生活更便捷 ············ 124

### 5.1 DeepSeek 与家庭生活 ················ 124
- 5.1.1 家庭作业小帮手：快速解决作业难题 ············ 124
- 5.1.2 家庭娱乐小助手：推荐有趣的电影和游戏 ········ 128

### 5.2 DeepSeek 与健康生活 ················ 133
- 5.2.1 健康小贴士：教你如何保持健康 ·············· 133
- 5.2.2 运动计划助手：制订适合你的运动计划 ·········· 136
- 5.2.3 睡眠管理：优化你的睡眠质量 ················ 139

### 5.3 DeepSeek 与心理健康 ················ 142
- 5.3.1 倾诉小助手：DeepSeek 如何成为你的"好朋友" ············ 142
- 5.3.2 DeepSeek 的"情绪日记"：记录你的心情 ······ 145
- 5.3.3 心理小测试：了解自己的情绪状态 ············ 148

### 5.4 DeepSeek 与创意生活 ················ 150
- 5.4.1 绘画与设计：用 AI 创作艺术作品 ············ 151
- 5.4.2 音乐创作：和 DeepSeek 一起写歌 ············ 154
- 5.4.3 故事创作：用 AI 编写属于自己的故事 ·········· 158
- 5.4.4 视频创作：与 AI 共同制作创意视频 ············ 161

## 第 6 章 AI 工具百宝箱——更多有趣的 AI 工具 ············ 166

### 6.1 AI 绘画工具 ······················ 166
- 6.1.1 用 AI 生成艺术作品：介绍文心一格等工具 ······ 166

IX

  6.1.2　创意设计：用 AI 设计海报和插画……………………171
  6.1.3　趣味涂鸦：AI 如何帮你完成绘画………………………175
6.2　AI 音乐工具……………………………………………………179
  6.2.1　用 AI 创作音乐：介绍 AI 音乐生成工具 ………………179
  6.2.2　音乐改编：用 AI 改编经典曲目…………………………181
6.3　AI 编程工具……………………………………………………183
  6.3.1　编程助手：用 AI 辅助编写代码…………………………184
  6.3.2　编程学习平台：推荐适合中小学生的编程工具 ………189
  6.3.3　编程小挑战：用 AI 完成编程任务………………………199
6.4　其他有趣的 AI 工具……………………………………………201
  6.4.1　AI 翻译工具：轻松学习外语………………………………201
  6.4.2　AI 语音助手：让 AI 帮你完成日常任务…………………204

## 附录　Python 的获取与安装……………………………………206

## 后记　学会与 AI 相处，走向属于你的未来……………………210

# 第1章 认识DeepSeek——AI世界的奇妙伙伴

同学们，你是否想象过，拥有一个无所不知、无所不能的伙伴？它不仅能陪你学习、玩耍，还能帮你解决难题、激发创意？DeepSeek，这个来自AI世界的奇妙伙伴，就能让你的想象变成现实！它就像一位拥有超级大脑的朋友，能够像人类一样思考、学习和解决问题，并将为你打开一扇通往未来科技的大门。

下面，让我们一起走近DeepSeek，了解它的诞生、探索它的能力，并发现如何使它成为你学习、生活中的得力助手和创意伙伴！

## 1.1 什么是DeepSeek

DeepSeek是一个基于人工智能技术的智能助手，它能够像人类一样思考、学习和解决问题。它诞生于快速发展的AI时代，旨在为人们提供便捷、高效的服务。

DeepSeek拥有强大的数据处理和分析能力，可以应用于学习、生活、娱乐等多个领域，例如帮你解答难题、创作诗歌、设计游戏，甚至管理日常生活。

### 1.1.1 DeepSeek的诞生：AI是如何来到我们身边的

人工智能（AI）听起来可能像科幻电影里的高科技，但其实它已经悄悄走进了我们的日常生活。作为一款智能AI助手，DeepSeek的诞生背后有着一段有趣的故事。

**❶ 从"魔法书"到"智能伙伴":AI 的奇幻进化史**

想象一下,你拥有一本会说话的魔法书——它能解答数学题、推荐英文故事,甚至帮你把单词编成冒险小说!这可不是《哈利·波特》里的设定,而是 2025 年的现实。

DeepSeek,这个让中国中小学生惊呼"比老师还懂我"的 AI 工具,正是这样一本"现代魔法书"。它的诞生,要从人工智能的"进化史"说起。

早期的 AI 就像个只会算术题的"书呆子"。20 年前的语音助手只会机械地回答"今天天气如何",而现在的 DeepSeek 却能听懂"这道应用题怎么用烤红薯的例子解释"。

2023 年起,教育领域突然刮起 AI 风暴。传统学习机还在用录播课"灌输"知识时,DeepSeek 已经能像真人老师一样追问:"你说看不懂第三步?那我们先把第二步的分数运算拆开看看……"这背后是思维链技术的突破——AI 不再只给答案,而是能够展示完整的思考过程,就像"学霸"同桌在草稿纸上写解题步骤一样。

**❷ DeepSeek 的"超能力":中小学生的超级学习"外挂"**

为什么说 DeepSeek 是"学习神器"?让我们看看它如何把枯燥的学习变成"闯关游戏"!

(1) 语文:从"阅读理解苦手"到"故事大王"

智能问答:问"鲁迅为什么写《孔乙己》",它不会直接甩出百度百科,而是先分析时代背景,再联系"穿长衫却站着喝酒"的细节,最后引导你思考"知识分子的困境"。

思维导图生成:读《西游记》时,一键生成"取经路线图",还能用不同颜色标注妖怪类型,比手绘笔记炫酷 10 倍!

写作辅助:写不出作文开头?输入关键词"春天、友谊、自行车",立刻跳出 3 个创意开头,比如"那个春天,小明的单车后座多了一个人……"(附带修辞手法批注)。

(2) 数学:让几何题"动起来"

遇到立体几何就头大?DeepSeek 的动态可视化功能可以让立方体在屏幕上旋转跳跃,连辅助线都会闪着金光慢慢画出来。更绝的是生活化类比——解释概率问题时，它会说："就像让你从糖罐随机抓 5 颗糖，草莓味占比就是概率……"感觉瞬间从"天书"变"人话"！

（3）英语：终结"哑巴英语"

背单词还在 abandon？试试 DeepSeek 的单词冒险故事生成：输入"apple，run，forest"，立马生成一篇《魔法苹果大逃亡》的英文小剧场，附带中文翻译和语音跟读。

练口语时，AI 会化身虚拟外教"Hi Echo"，用伦敦腔夸你："Your pronunciation is brilliant！（你的发音棒极了！）"

（4）跨学科"开挂"

学历史战役时，DeepSeek 能联系地理知识分析地形；做科学实验报告时，它建议用数学统计图表呈现数据——真正实现"知识网络化"。有学生甚至用它设计"三国版大富翁"游戏，把历史事件变成游戏关卡。

### ❸ 未来课堂：当 AI 成为"第二大脑"

同学们，借助人工智能，未来的学习场景可能更加科幻。

1）AR（Augmented Reality，即增强现实）眼镜+DeepSeek：学恐龙知识时，腕龙会从课本里走出来，AI 同步讲解它的食物重量相当于多少辆小汽车。

2）个性化学习路径：AI 可以根据你的错题记录，自动生成"专属闯关地图"，只有打败"分数运算 Boss"，才能解锁下一章。

3）AI 班主任：不仅能规划作业时间，还会在你熬夜时提醒："检测到瞳孔扩张度下降，对外界刺激时的反应能力显著减弱，建议立即睡觉！"

当然，也有老师担忧：如果学生过度依赖 AI，会不会丧失独立思考能力？对此，DeepSeek 团队早有对策——所有数学题必须看完分步解析才能查看答案，就像游戏通关必须自己操作一样。

DeepSeek 的诞生，就像给每个学生发了一根"智能魔杖"。但请记住：咒语再强，也要魔法师自己念！当你用 AI 把单词编成星际大战故事时，当你看着几何题在屏幕上旋转分解时，你正在参与一场教育的革命。

未来的"学霸"，一定是那些既会向 AI 提问，又能对它说"这次我想自己试试"的人。

## 1.1.2　DeepSeek 能做什么：AI 的超级能力

同学们，你们有没有想过，未来的世界会是什么样子？计算机会不会比我们更聪明？其实，这些问题的答案，都和一个叫作"人工智能"（AI）的技术有关。而今天，我们要认识的，就是一位超级厉害的 AI 朋友——DeepSeek！

那么，DeepSeek 到底有哪些超能力呢？让我们一起来看看吧！

### ❶ 超级"学霸"，答疑解惑

"这道数学题好难啊！""这个英语单词怎么读？""为什么天会黑？"……别担心，DeepSeek 来帮你！它就像一位无所不知的老师，随时为你解答各种问题。

无论是数学、语文、英语，还是科学、历史、地理，只要你问，它都能给出详细的解答，甚至还能举一反三，帮你拓展知识面。

**示例**　跟 DeepSeek 了解天上的星星为什么会一闪一闪。

> DeepSeek，我是一名小学学生，我想知道为什么天上的星星会一闪一闪的？

> 你好呀！星星一闪一闪的现象其实是因为地球的大气层在"捣乱"哦。
>
> 当我们从地面看星星时，星光需要穿过地球的大气层才能到达我们的眼睛。大气层并不是完全均匀的，里面有各种气流、温度变化和密度不同的空气层。这些不均匀的空气会让星光发生折射，也就是光线的路径发生偏折。当星光通过这些不断变化的大气层时，它的传播方向会稍微改变，导致我们看到的光有时强有时弱，看起来就像星星在闪烁。
>
> 你可以把大气层想象成一层晃动的"水"，星光就像穿过水面的光线，水面的波动会让光线看起来闪烁不定。这就是为什么星星会一闪一闪的原因啦。
>
> 不过，如果你在太空中看星星，它们就不会闪烁了，因为那里没有大气层的干扰。希望这个解释能帮到你！如果还有其他问题，随时问我哦！

## ❷ 创意大师，激发灵感

写作文没思路？画画没灵感？DeepSeek 来帮你打开脑洞！它可以根据你的要求，创作出各种有趣的故事、诗歌，甚至是音乐。它还能帮你设计独一无二的卡通形象，或者为你提供各种创意点子，让你的想象力插上翅膀！

**示例** 让 **DeepSeek** 帮助编写创作提供灵感。

DeepSeek，我是一名初二年级的学生，想写一篇关于恐龙的科幻小说，你能给我一些灵感吗？

哇，写关于恐龙的科幻小说听起来超酷！我可以给你一些点子，帮你开启创意的大门。

设定：

时间旅行。你可以写一群科学家意外穿越到恐龙时代，或者未来人类通过基因技术复活了恐龙，结果引发了意想不到的危机。

……

希望这些建议能激发你的灵感！记住，最重要的是发挥你的想象力，创造一个属于你自己的精彩故事！

加油！期待看到你的作品！

## ❸ 编程高手，玩转科技

想学习编程，但又觉得太难？DeepSeek 可以成为你的编程小助手！它可以用简单易懂的语言，教你编写代码，制作小游戏，甚至开发属于自己的网站。让你在玩中学、学中玩，从而轻松掌握编程技能，成为未来的科技小达人。

**示例** 让 **DeepSeek** 协助编程。

DeepSeek，我是一名小学生，我想用 Python 编写一个猜数字的小游戏，你能教我吗？

> 当然可以！编写一个猜数字的小游戏是一个很有趣的项目，而且对于学习 Python 来说也是一个很好的练习。下面是一个简单的猜数字游戏的代码示例，我会逐步解释每一部分。
>
> 猜数字游戏代码
> ……

### ④ 语言天才，沟通无界

想和外国朋友交流，但又担心语言不通？DeepSeek 可以帮你轻松跨越语言障碍！它精通多种语言，可以实时翻译，让你和世界各地的朋友畅所欲言。它还能教你学习外语，让你足不出户，就能领略世界各地的文化风情。

**示例** 让 DeepSeek 帮助学习语言。

> DeepSeek，我是一名五年级的小学生，我想学习法语，你能教我吗？

> 当然可以！我很高兴你对学习法语感兴趣。法语是一门非常美丽且有用的语言。我们可以从一些基础的法语单词和短语开始学习。以下是一些简单的法语词汇和表达：
>
> 1. 问候语
> Bonjour（你好）
> Bonsoir（晚上好）
> ……

### ⑤ 贴心助手，生活好帮手

DeepSeek 不仅是学习上的好帮手，还是生活中的贴心助手。它可以帮你制订学习计划，提醒你重要事项，甚至还能陪你聊天解闷。它就像一位知心朋友，时刻陪伴在你身边，为你排忧解难。

**示例** 让 DeepSeek 协助排忧解难。

> DeepSeek，我明天要参加演讲比赛，好紧张啊！

哇，参加演讲比赛确实会让人紧张呢！不过，紧张其实是很正常的反应，说明你很重视这次比赛。以下是一些小建议，或许能帮你缓解紧张感。

**充分准备**：你已经为比赛做了很多准备，对吧？多练习几遍，熟悉内容会让你更有信心。可以对着镜子练习，或者找朋友家人当听众，听听他们的反馈。

……

你已经很棒了，勇敢地站上台就是胜利！加油，我相信你会表现得非常出色！比赛结束后，别忘了告诉我你的感受哦！

DeepSeek 的出现，为我们的学习生活带来了无限可能。它就像一位拥有超能力的伙伴，帮助我们探索知识的海洋，激发创造的灵感，开启未来的大门。

让我们一起拥抱 AI，拥抱未来，用科技的力量创造更加美好的明天吧！

## 1.1.3 DeepSeek 与我们的生活：从学习到娱乐

你有没有想过，AI 不仅仅是科幻电影里的机器人，它其实已经悄悄走进了我们的生活？DeepSeek 就是这样一个神奇的 AI 助手，它不仅能帮我们学习，还能陪伴我们娱乐、解答各种问题，甚至帮忙完成创意作品。可以说，DeepSeek 就像是一位无所不能的"智慧伙伴"！

那么，DeepSeek 到底在哪些地方可以帮助我们呢？快来看看它是如何融入我们的生活的吧！

### ❶ DeepSeek 让学习更轻松

（1）语文作业再也不怕了

当你写作文没有思路时，DeepSeek 可以帮你想点子，还能告诉你哪些句子更生动有趣。如果你遇到不会的生字词，它还能帮你查字典、解释意思，让你的语文学习更加轻松！

（2）数学题有 AI 老师来讲解

遇到难题不用担心，DeepSeek 会一步步教你怎么解题，而不是直接给答案。它还能和你一起玩数学游戏，让你在游戏中提升计算能力和逻辑思维！

（3）英语学习更有趣

想要学好英语？DeepSeek 可以陪你练口语，帮你检查作文，还能和你进行英语对话。你甚至可以用它来练习听力，看看自己能不能听懂它说的内容！

（4）科学知识一学就会

你是否有很多个"为什么"？比如："为什么天空是蓝色的？""为什么鲸鱼不是鱼？"DeepSeek 可以像百科全书一样解答你的所有疑问，还能告诉你许多有趣的科学故事！

想象一下，当你遇到一道数学难题，百思不得其解时，DeepSeek 就像一位耐心的老师，一步步引导你找到解题思路。它不仅能帮你解答问题，还能举一反三，找到类似的题目供你练习，帮助你巩固知识点。

### ❷ DeepSeek 让娱乐更有趣

（1）AI 写故事，开启你的奇幻冒险

想象一下，你告诉 DeepSeek 一个故事的开头，比如："在一片神秘的森林里，有一座隐藏的魔法城堡……"DeepSeek 会帮你接着编写，让你的故事变得更加精彩！

（2）AI 画画，创造属于你的艺术世界

DeepSeek 还能根据你的想法，帮你画出一幅独一无二的作品。无论是"宇宙中的糖果星球"还是"长着翅膀的猫"，DeepSeek 都能帮你实现！

（3）AI 创作音乐，变身小小音乐家

想自己写一首歌？DeepSeek 可以帮你生成歌词，还能给你一些旋律方面的建议，让你创作出属于自己的音乐作品！

### ❸ DeepSeek 还能做更多

（1）规划时间，成为效率达人

DeepSeek 可以帮你制订学习计划，让你每天都能高效学习，不再手忙脚乱。你还可以用它来管理日程，提醒自己什么时候要完成作业、什么时候可以玩耍！

（2）电影、书籍、游戏推荐，打造你的专属清单

想知道最近有什么好看的电影、好玩的游戏、好看的书？DeepSeek

可以根据你的兴趣，给你推荐最适合你的娱乐内容！

（3）轻松制作小报、PPT，成为展示高手

如果你要做手抄报或者PPT，DeepSeek不仅能帮你整理资料，还能提供版面设计建议，让你的作品更加吸引人！

DeepSeek不仅是你的学习助手，更是你的创意搭档、生活帮手、好玩伴。无论是学习、娱乐，还是探索世界的奥秘，DeepSeek都能陪你一起成长，帮助你发现更多的乐趣！

接下来，我们将深入了解DeepSeek的"大脑"，看看它是如何学习和思考的？让我们继续探索吧！

## 1.2　DeepSeek的"大脑"是如何工作的

同学们，你们有没有想过，DeepSeek到底是怎么变得这么聪明的？它为什么能回答你的问题，帮你写作文、解数学题，甚至还能和你聊天、讲笑话呢？其实，这一切都和它的"大脑"有关！

当然，DeepSeek和人类的大脑是不一样的。我们的大脑是由无数的神经元组成的，可以思考、学习、记忆，而DeepSeek的"大脑"是由人工智能技术构成的。虽然它没有真正的"脑袋"，但它也能像人类一样学习新知识，甚至可以自己总结经验，变得越来越聪明！

那么，DeepSeek到底是如何思考和学习的呢？接下来，让我们一起揭开它神秘的"大脑"世界吧！

### 1.2.1　人工智能的基本概念：像人一样思考的机器

你知道吗？DeepSeek并不是一开始就这么聪明的！它就像一个刚出生的婴儿，一开始什么都不懂，但通过不断学习，慢慢变得越来越聪明。这个过程就叫作"人工智能学习"。

那么，什么是人工智能呢？简单来说，人工智能就是一种让机器像人一样思考和学习的技术。以前，计算机只能按照人类的指令去做事情，比如按计算器计算"2+2=4"，但它并不是真的"懂"数学。

而现在，有了人工智能，计算机可以自己学习新知识，甚至还能根据你提出的问题，给出合适的答案，就像一位聪明的老师一样！

### ❶ AI 是如何"思考"的

（1） AI 用数据来学习

DeepSeek 并不是靠"记住"所有的知识来变聪明的，而是通过学习大量的数据来总结规律。比如，它看过成千上万篇作文，所以知道一篇好作文应该有清晰的结构、优美的句子；它做过很多数学题，所以知道不同类型的数学题该怎么解。

（2） AI 像拼图一样"推理"

当你向 DeepSeek 提问时，它不会简单地查找答案，而是会像侦探一样，把它学到的知识拼凑起来，找到最合理的答案。比如，你问它："太阳为什么是热的？"它会结合物理学、天文学、化学等知识，告诉你太阳的能量来自内部的核聚变。

（3） AI 也会犯错误，但它能"改正"

DeepSeek 并不是一开始就能答对所有问题的。它在学习的过程中，也会犯错，但它会不断调整自己的"思维方式"，让自己变得越来越聪明。就像我们写作业时，老师会给我们批改，告诉我们哪里错了，DeepSeek 也会根据用户的反馈，优化自己的答案！

### ❷ AI 真的会像人一样思考吗

虽然人工智能可以模仿人类的思考方式，但它并不是真正的"人"。它没有感情，也没有自己的想法，它的所有答案都是基于数据和计算得出的。所以，如果你问 DeepSeek "你开心吗？"它可能会给你一个有趣的回答，但它并不是真的有情绪哦！

不过，科学家们一直在努力研究如何让 AI 变得更聪明、更人性化。也许在未来，AI 真的可以像人一样理解我们的感受，成为更有温度的智能助手！

现在，你已经了解了 DeepSeek 的基本"思维方式"——它通过学习数据来获取知识，用推理来解答问题，还能不断改进自己的答案。接下来，我们将继续探索 DeepSeek 是如何学习的，它如何从数据中获取知识，变得越来越聪明！让我们一起深入研究吧！

## 1.2.2 DeepSeek 的学习方式：从数据中获取知识

同学们，你们每天上课、做作业、看书，是不是学到了很多新知识？其实，DeepSeek 也是这样学习的！但它的学习方式和我们不太一样——它不会像我们一样坐在教室里听讲，而是通过海量的数据和强大的计算能力来学习。

DeepSeek 的学习过程就像是一个超级强大的"图书馆管理员"，它能快速翻阅无数的书籍、文章、数学题、科学知识，然后总结出最有用的信息。当你问它问题时，它会从自己的"知识库"里找到最合适的答案，就像一个随时待命的"智慧老师"！那么，DeepSeek 到底是怎么学习的呢？让我们来一探究竟！

### ❶ DeepSeek 是如何学习的

DeepSeek 的学习主要依靠两种方法：海量数据训练和深度学习。

#### 方法 1　海量数据训练

DeepSeek 的大脑里有一座"超级图书馆"，里面存放了大量的知识，包括语文、数学、英语、科学、历史等各种领域的信息。它通过不断阅读这些数据，学习人类的语言、逻辑和知识，就像我们读书学习一样。

例如，如果 DeepSeek 想学会写作文，它就会"阅读"成千上万篇优秀的文章，学习它们的结构、用词和表达方式。这样，当你让它帮忙写作文时，它就能模仿人类的写作风格，写出流畅的文章！

#### 方法 2　深度学习（让 AI 自己总结经验）

DeepSeek 不仅可以记住知识，还能自己总结规律，并发现问题的解决方法。科学家们使用了一种叫"神经网络"的技术，让 DeepSeek 像人脑一样思考和推理。

例如，当你给 DeepSeek 一张猫的照片，并告诉它"这是猫"，然后再给它另一张狗的照片，告诉它"这是狗"，DeepSeek 就会慢慢学会区分猫和狗。即使它遇到从未见过的猫或狗，也能根据之前学到的知识，判断出哪只是猫，哪只是狗！

这种"自己总结经验"的能力，让 DeepSeek 越来越聪明，它能根据已有的知识推测出新问题的答案，而不仅仅是死记硬背！

### ❷ AI 的学习速度比人类快吗

你可能会问："DeepSeek 学习得这么快，那它是不是比人类更聪明呢？"其实，DeepSeek 的学习速度确实非常快，但它和人类的学习方式不同。

AI 的优势如下。

- 学习速度快：DeepSeek 可以在几秒钟内阅读大量书籍，而我们可能需要几个月甚至几年。
- 不会忘记知识：DeepSeek 的"记忆"不会消失，它能一直保留学过的内容。
- 可以同时处理多个任务：DeepSeek 可以同时学习语文、数学、编程等多个领域，而人类的学习需要时间来掌握不同的知识。

AI 的缺点如下。

- 没有创造力：虽然 DeepSeek 能写作文、编故事，但它的创意还是来自它读过的文章，而人类可以凭空想象出全新的故事！
- 不会真正"理解"知识：DeepSeek 只是通过数据学习模式，它并不像人类那样真正理解世界。比如，它可以回答"太阳为什么发光"，但它无法真的看见太阳或感受阳光的温暖。

所以，DeepSeek 虽然很聪明，但它不能完全取代人类的智慧。我们的创造力、情感和想象力，仍然是 AI 无法替代的！

### ❸ 未来，AI 会变得更聪明吗

DeepSeek 和其他 AI 技术正在不断进步，未来它可能会学得更快、懂得更多，甚至变得更加"聪明"。科学家们希望让 AI 更好地理解人类的想法，甚至帮助我们解决复杂的问题，比如迎接医学、环保、航天等领域的挑战！

不过，无论 AI 变得多聪明，人类才是创造它们的主人。我们需要学会如何正确使用 AI，让它成为我们的好帮手，而不是完全依赖它！

现在，你应该已经了解了 DeepSeek 的学习方式，接下来，我们将继续探索 DeepSeek 的"记忆"和"推理"能力，它是如何解决问题的呢？让我们一起进入下一节的学习吧！

## 1.2.3 DeepSeek 的"记忆"与"推理"：如何解决问题

你还记得考试时遇到难题的感觉吗？有时候，我们会回忆起老师讲过的知识点，再结合自己的理解，推理出答案。DeepSeek 在回答问题时，也会经历类似的过程——它会"回忆"自己学过的知识，然后进行推理，最终给出答案。

但是，DeepSeek 的"记忆"和人类的记忆方式不太一样，它不会像我们一样有情感记忆（比如记住和好朋友一起玩的快乐时光），但它能存储大量的知识，并通过计算和逻辑推理来寻找最合理的答案。

那么，DeepSeek 是如何"记住"知识并推理出答案的呢？让我们一起来探索吧！

### ① DeepSeek 的"记忆"是如何工作的

DeepSeek 的"记忆"其实是一种信息存储和检索能力。当你向 DeepSeek 提问时，它不会真的像人类一样"回忆"过去的经历，而是会在自己的"知识库"中查找相关的信息，快速整理并给出答案。

我们可以把 DeepSeek 的记忆方式想象成一个超级图书馆，里面存放着各种书籍和资料。当你问它问题时，它就像一个超级快的图书管理员，立刻翻阅书架，从成千上万本书中找到最相关的内容，然后告诉你答案！

### ② DeepSeek 是如何进行推理的

记住知识并不够，DeepSeek 还需要推理，才能真正帮助我们解决问题。推理的过程就像解谜游戏，需要找到线索，并根据已有的信息推断出正确的答案。

DeepSeek 的推理方式有如下两种。

- 基于规则的推理：这种方式依赖于预设的逻辑规则和知识库。系统根据输入的问题，匹配相应的规则，并按照规则进行推理和解答。
- 基于机器学习的推理：这种方式利用大量数据进行训练，通过模型学习问题和答案之间的关联，从而进行推理。

这两种方式各有优劣，通常在实际应用中会结合使用，以提高系统的整体性能和适应性。

# 第2章 动手实践——与DeepSeek一起玩转AI

你有没有想过，如果你拥有一支魔法棒，随时可以让AI帮你解答问题、写作业、创作故事，甚至编写小游戏，那会是一件多么神奇的事情？现在，这支"魔法棒"就是DeepSeek！

DeepSeek不仅仅是一个"回答问题"的工具，它还能成为你的创作伙伴、学习助手，甚至可以成为你的"人工智能小搭档"！但要真正学会使用DeepSeek，就像学习骑自行车、玩编程游戏一样——只有亲自尝试，才能真正掌握！

在这一章，我们将一起动手实践，学会如何使用DeepSeek，从简单的任务开始，逐步探索它的无限可能。准备好了吗？快来开启你的AI探险之旅吧！

## 2.1 DeepSeek初体验：快速上手

想象一下，你第一次学骑自行车时，是不是会先摸索如何上车、掌握平衡，然后慢慢学会骑行？使用DeepSeek也是一样的！在开始探索它的各种功能之前，我们要先学会如何进入DeepSeek的世界，熟悉它的基本操作。

### 2.1.1 注册与登录：如何开始使用DeepSeek

同学们有没有想过，有一种工具能让学习变得既有趣又高效？那就是DeepSeek！今天我们来了解如何开始使用它，非常简单，跟着我一步步来，马上就能上手啦！首先我们需要注册账号。

就像进游乐园需要买门票一样，使用 DeepSeek 的第一步是注册一个账号。别担心，过程很简单，连小学生也能轻松搞定！

（1）通过网址直接进入或下载应用

在计算机上打开浏览器并输入网址（https：//www.deepseek.com/）按回车（Enter）键即可打开 DeepSeek 的网站。或者在搜索引擎内输入 DeepSeek 进行搜索，然后单击如图 2-1 所示搜索到的内容，即可进入如图 2-2 所示的 DeepSeek 官网界面。

图 2-1　搜索 DeepSeek 网站

图 2-2　DeepSeek 官网界面

> **小挑战**：在平板或手机端的"应用商店"App 中可以直接搜索并下载安装 DeepSeek 应用。如果不会可以问问爸爸妈妈能不能帮忙安装哦。

（2）填写信息并验证

单击"开始对话"按钮，进入登录界面，如图 2-3 所示，在该界面中输入你的手机号，如果没有可以请爸爸妈妈帮忙哦，之后就会收到验证码，输入验证码并勾选"我已阅读并同意用户协议与隐私政策，未注册的手机号将自动注册"复选框。

a) 网页端　　　　　　　　　　　　b) 手机端

图 2-3　登录界面

（3）登录账号

单击"登录"按钮即可完成注册并登录 DeepSeek。现在，是不是迫不及待想试试了？接下来，只需要与 DeepSeek 对话就可以啦！

单击开始对话，输入文本，就可以与 DeepSeek 对话了！如图 2-4 所示。

同学们，通过这一节的学习，我们已经学会了怎么注册和登录 DeepSeek，DeepSeek 是一个很强大的工具，它可以帮助我们在学习和生活中做很多事情。

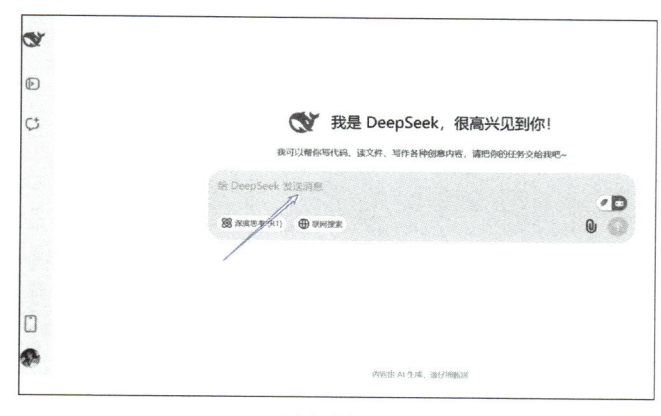

a）网页端　　　　　　　　　　　　b）手机端

图 2-4　DeepSeek 页面

希望你们能够继续探索 DeepSeek 的其他功能，发现更多有趣的事情。接下来，我们还会学习更多关于 DeepSeek 的知识，让我们一起期待吧！

## 2.1.2　界面介绍：认识 DeepSeek 的功能模块

现在，你已经成功注册并登录了 DeepSeek，就像进入了一座神奇的魔法实验室！但在开始"施展魔法"之前，我们要先熟悉这个实验室里都有哪些"魔法工具"，这样才能充分利用它们，帮助我们完成学习、创作和探索任务。

DeepSeek 的界面其实很简单，它的功能模块也非常直观。你可以把它想象成一个拥有不同房间的大图书馆，每个"房间"都有不同的用途——有的帮你写作文，有的帮你解数学题，还有的能陪你玩创意游戏！

那么，这个"AI 魔法实验室"里到底有哪些有趣的功能呢？让我们一起探索吧！这里以网页端的功能页面为例进行介绍，DeepSeek 分为如图 2-5a 所示几个模块。

①——DeepSeek 对话框：在这个对话框中可以输入任何我们想要问的问题，DeepSeek 会马上输出答案。

其中，深度思考（R1）：让 DeepSeek 通过逻辑推理和分析能力深入理解问题并提供精准解答，并展示推理分析过程；联网搜索：让 DeepSeek 能够实时访问互联网，获取最新信息和资源，拓展知识范围。

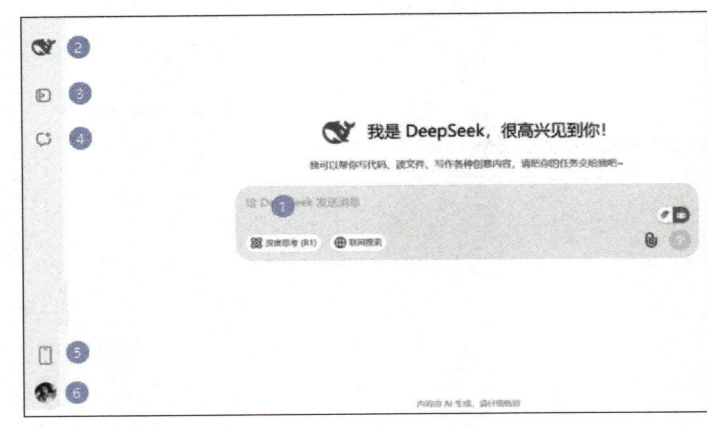

a）网页端　　　　　　　　　　　　　　b）手机端

图 2-5　DeepSeek 功能页面

②——DeepSeek 标志：这个小鲸鱼样式的标志就是 DeepSeek 哦！

③——DeepSeek 边栏：可以在边栏中找到我们之前提出的问题。

④——DeepSeek 新对话：单击此处我们可以开启一个新的对话。

⑤——DeepSeek 手机版下载：单击后可以下载手机版 DeepSeek。

⑥——DeepSeek 设置页面：单击后可以看到个人信息、系统设置以及退出登录的标志。

手机端的功能与网页端类似（见图 2-5b），这里不再赘述。

现在，你已经熟悉了 DeepSeek 的界面和主要功能，接下来，我们将开始真正的实践任务！在下一节，我们将完成第一个 AI 任务——让 DeepSeek 帮你写一首诗！

## 2.1.3　第一个任务：让 DeepSeek 帮你写一首诗

你是否曾经被一首美丽的诗打动过？诗歌可以用简短的文字表达丰富的情感，比如李白的《静夜思》："床前明月光，疑是地上霜。"你能想象吗？AI 也能写诗！

DeepSeek 就像一个"诗歌魔法师"，只要你给它一个提示，它就能帮你创作出不同风格的诗句！今天，我们的第一个 AI 任务就是——让 DeepSeek 为你写一首诗！

准备好体验 AI 的创意了吗？让我们一起开始吧！

### 1 进入 DeepSeek 的对话界面

打开 DeepSeek，在交互对话框中输入你的请求，比如输入："请帮我写一首关于春天的诗。"

《春天的独白》

我是一粒沉睡的种子
在泥土深处
数着冬天的心跳
直到某天
听见阳光在敲门
我推开黑暗
伸出绿色的手指
风在枝头
数着新生的叶子
每一片都是
未曾寄出的信笺
蝴蝶停在肩头
告诉我远方的故事
我轻轻抖落
一地斑斓的梦
细雨落下时
我数着涟漪
一圈
又一圈
都是时光的年轮
春天站在门外
而我
正从冬天里
慢慢醒来

哇，DeepSeek 写得还不错吧？但这只是个开始，我们还可以让它写出更多有趣的诗歌！

### 2 让 AI 调整诗歌风格

AI 不仅能写诗，还能按照你的要求调整诗歌风格！你可以尝试：

**示例 1** 让 DeepSeek 帮助写一首五言诗。

"请用五言绝句的形式写一首关于秋天的诗。"

《秋日》
霜叶染山红，
寒蝉咽晚风。
孤云归远岫，
落日满江空。

**示例 2** 让 DeepSeek 帮助写七言诗。

"请用七言律诗的格式写一首关于长城的诗。"

《长城怀古》
秦时明月汉时关,万里长城戍未还。
胡马嘶风惊塞草,征人望月忆家山。
烽烟已逐浮云散,霸业空随逝水潺。
唯有苍龙盘峻岭,千秋屹立傲人寰。

**示例 3** 让 DeepSeek 帮助写现代诗。

"请用现代诗的风格写一首关于梦想的诗。"

《梦想的碎片》

我收集着
散落在童年抽屉里的
星星糖纸
每一张都映着
不同的光

有时是飞鸟
掠过教室的窗
有时是蒲公英
飘向远方的山冈

深夜
我把它们拼贴成

会发亮的翅膀
却总是
缺了
最重要的一片

直到某天
在镜子里看见
自己的眼睛
原来
它一直
在那里
闪烁

你是不是已经感受到 AI 诗歌的魅力了?

### ③ 让 AI 根据关键词创作诗歌

还可以给 DeepSeek 一些关键词,让它围绕这些词语创作一首诗!比如:

**示例 1** 根据关键词星空、梦想、旅程创作一首诗歌。

"请用'星空、梦想、旅程'写一首诗。"

《星图》

夜空摊开一卷　　　　　我收拾行囊
古老的星图　　　　　　装进童年的纸船
我用目光　　　　　　　和少年的风筝
丈量光年的距离　　　　踏上未知的旅程

每一颗星星　　　　　　银河在脚下流淌
都是未完成的梦想　　　像一条发光的河
在黑暗中　　　　　　　载着所有
闪烁　　　　　　　　　寻找归途的旅人

**示例 2** 根据关键词冬天、雪花、温暖创作一首诗歌。

"请用'冬天、雪花、温暖'写一首诗。"

《冬日的温度》

冬天把天空　　　　　　炉火跳动
剪成无数碎片　　　　　将寒冷
轻轻撒下　　　　　　　挡在窗外
　　　　　　　　　　　我们围坐
雪花落在掌心　　　　　分享一杯热茶
融化成一滴　　　　　　和
童年的记忆　　　　　　彼此的故事

### ❹ 让 AI 模仿诗人风格

AI 还能模仿古代诗人的风格！你可以试试。

**示例 1** 让 DeepSeek 模仿李白写一首诗。

"请用李白的风格写一首关于月亮的诗。"

《对月独酌》
明月出天山，清辉照我颜。
举杯邀素影，对饮成三人。
长风万里送秋雁，对此可以酣高楼。
醉后不知天在水，满船清梦压星河。
玉阶生白露，夜久侵罗袜。
却下水晶帘，玲珑望秋月。
我歌月徘徊，我舞影零乱。
醒时同交欢，醉后各分散。
永结无情游，相期邈云汉。

**示例 2** 让 DeepSeek 模仿杜甫写一首诗。

"请用杜甫的风格写一首关于长江的诗。"

《长江秋兴》
万里长江滚滚来，奔流到海不复回。
楚天寥廓秋云薄，巫峡苍茫暮雨哀。
两岸青山相对出，孤帆远影碧空开。
凭栏极目伤今古，多少英雄尽尘埃。

这是不是太神奇了？你不仅能欣赏 AI 的创作，还能用它来学习不同诗人的风格！

### ❺ 让 AI 帮你修改或优化诗歌

如果你写了一首诗，但觉得不够完美，还可以让 DeepSeek 帮你优化和润色！

> **示例** 让 DeepSeek **帮助修改或优化诗歌**。

原诗:"春风吹过柳叶新,花开满园蝶自来。"请帮我优化这首诗,让它更优美。

春风拂柳千丝翠,
碧水映花蝶舞轻。

是不是变得更有诗意了呢?

**6 让 DeepSeek 帮你创作诗歌游戏**

如果你想让诗歌变得更有趣,可以试试和 DeepSeek 玩诗歌接龙!

> **示例** 让 DeepSeek **完成诗歌接龙**。

"让我们来玩诗歌接龙,你先出一句,我来接!"

好呀!那我先来一句:
春风拂柳绿如烟,
你来接下一句吧!

细雨沾花红似锦。

然后继续接下去,看谁能接得更优美!

> **小挑战:**
> 请让 DeepSeek 为你写一首关于"童年"的诗。

## 2.2　DeepSeek 小项目:动手实践

刚刚,你已经体验了 DeepSeek 的写诗、接诗功能,它还能帮你完成真正的 AI 小项目!

你有没有想过,让 DeepSeek 变成一个智能日程助手,帮你规划每天的学习?或者让 DeepSeek 变成一个游戏设计师,和你一起创造一个有趣的小游戏？这些听起来很酷的想法，其实都可以实现！

### 2.2.1 制作一个 AI 小助手：帮你管理日程

嘿，小伙伴们！今天我们来到了一个超有趣的地方——DeepSeek 的世界。在这里，我们可以做很多好玩的事情，比如制作一个属于自己的 AI 小助手，让它帮你管理日程。

听起来是不是很酷？别担心，有了 DeepSeek，制作一个 AI 小助手就像玩游戏一样简单又好玩。现在，就让我们一起开启这场奇妙的 AI 小助手制作之旅吧！

**❶ 让 DeepSeek 帮你制订日程计划**

DeepSeek 可以帮你根据时间安排学习和娱乐，你只需要告诉它你的需求，比如：

**示例 1** 让 DeepSeek 协助提供日程安排。

"请帮我制订一个适合六年级学生的日程表，包括学习、运动、娱乐时间。"

**六年级学生日程表（示例）**
目标：平衡学习、运动、娱乐，保持健康作息

| 时间 | 活动 | 备注 |
| --- | --- | --- |
| 7:00-7:30 | 起床、洗漱、早餐 | 营养早餐，开启活力一天 |
| 7:30-8:00 | 早读 | 语文/英语朗读，培养语感 |
| 8:00-12:00 | 学校课程 | 认真听讲，积极参与课堂 |
| 12:00-13:00 | 午餐、午休 | 保证充足休息，下午精力充沛 |
| …… | | |

**示例 2** 让 DeepSeek 帮助安排考试复习计划。

"请帮我制订一个针对数学考试的复习计划，考试时间是两周后。"

🐋 **两周数学考试复习计划**
目标：高效复习，查漏补缺，取得理想成绩
阶段一：知识梳理（第1-4天）
第1-2天：
复习课本，梳理各章节知识点，制作思维导图或知识清单。
重点回顾公式、定理、概念，确保理解透彻。
整理错题本，分析错误原因，并重新做一遍。
……

你可以按照 DeepSeek 给出的计划进行复习，这样就不会临时抱佛脚啦！

### ❷ 让 DeepSeek 调整你的日程表

每个人的习惯都不一样，所以 DeepSeek 还能根据你的需求调整日程，让它更适合你！

**示例 1** 让 DeepSeek 帮助调整学习时间。

👦 "我喜欢晚上学习，能不能把复习时间改到晚上？"

🐋 白天：课后适量放松，运动1小时
　晚上：19:00-21:00复习重点知识

**示例 2** 希望增加兴趣时间。

🐋 "我想每天留30分钟练习画画。"

🐋 19:00-19:30绘画练习
　19:30-20:00课外阅读

这样，你就可以在学习的同时兼顾自己的兴趣爱好啦！

### ❸ 让 DeepSeek 提醒你每日任务

如果你觉得自己容易忘记计划，可以让 DeepSeek 生成一个每日提醒清单，帮助你按时完成任务！

> **示例** 让 DeepSeek 帮助制订每日提醒清单。

"请帮我列一个今天的学习任务清单。"

> 当然可以！以下是一个今天的学习任务清单模板，你可以根据自己的需求进行调整：
> 今日学习任务清单
>
> 早晨复习（30分钟）
> 复习昨天学习的内容（例如：笔记、重点概念）。
> 快速浏览今天要学习的新内容，明确目标。
>
> 核心学习任务1（1-2小时）
> 主题/科目：_____（例如：数学、编程、英语）
> ……

有了 DeepSeek 的帮助，你的学习和生活会更加有条理！

### ❹ 让 DeepSeek 帮你优化时间管理

有时候，我们的日程安排可能不太合理，比如写作业时间太长、休息时间太短，DeepSeek 还能帮你优化时间管理，让你更高效地学习！

> **示例** 让 DeepSeek 帮助优化时间管理。

"我发现自己学习时间太长，容易累，怎么调整比较好？"

> 学习时间过长确实容易让人感到疲惫，调整好学习节奏和方式对提高效率和保持精力非常重要。以下是一些建议，帮助你更好地调整学习状态：
> 1. 合理安排学习时间
> 番茄工作法：每学习25分钟，休息5分钟。完成4个番茄时段后，休息15-30分钟。这种方法可以帮助你保持专注，同时避免过度疲劳。

设定学习目标：每天设定具体的学习目标，避免无目的地长时间学习。完成任务后，适当放松。

……

这样，你就不会因为长时间学习而感到疲惫，还能提高学习效率！

> **小挑战：**
> 试试让 DeepSeek 生成一个"假期娱乐和学习时间表"！

### 2.2.2 设计一个 AI 小游戏：和 DeepSeek 一起玩游戏

嘿，小伙伴们！下面我们要来做一个超有趣的事情——和 DeepSeek 一起设计一个 AI 小游戏！是不是听起来就很兴奋？DeepSeek 是一个很厉害的人工智能助手，它可以和我们一起玩游戏，还能帮助我们设计游戏。今天，我们就来一起探索如何用 DeepSeek 设计一个简单又好玩的 AI 小游戏吧！

**❶ 让 DeepSeek 设计一个文字猜谜游戏**

我们先从一个简单的 AI 猜谜游戏开始，让 DeepSeek 负责出谜语，而你来猜答案！

**示例** 让 DeepSeek 帮助设计一个文字猜谜游戏。

"我们来玩猜谜游戏吧，你出谜语，我来猜！"

好呀！那我来出个谜语，你猜猜看：
什么东西越洗越脏？
猜猜看是什么？

"是水。"

哈哈，接近了，但不是水哦！再想想，有什么东西是越洗越脏的呢？

"那是什么啊，我想不到了。"

哈哈，答案是水桶！因为水桶是用来装水的，越洗它，里面的水就越脏。你觉得这个谜语有趣吗？

你可以反过来让 DeepSeek 来猜你的谜题：

"我来说谜语，你来猜：'白天隐身，夜晚发光，挂在天空，像个灯笼。'"

哇，这个谜语真美！让我想想……是月亮吗？它白天看不见，晚上却会发光，挂在天空，确实像个灯笼呢！你出得真好！

**小挑战：**
- 试试让 DeepSeek 出一些更难的谜题，看看你能不能猜出来！
- 让 DeepSeek 猜你的谜语，看看它聪不聪明！

### ❷ 让 DeepSeek 设计一个角色扮演游戏（RPG）

你有没有玩过角色扮演游戏（RPG）？你可以扮演一个角色，在一个虚拟世界里进行探险，寻找宝藏、打败怪物、完成任务。DeepSeek 也能帮你设计这样的游戏哦！

**示例 ①　让 DeepSeek 设计一个冒险故事。**

"请帮我设计一个冒险游戏的故事背景。"

游戏背景设定：《星陨：遗迹重生》
世界观：
时间设定：遥远的未来，人类文明已经高度发达，星际旅行成为常态，但一场突如其来的灾难改变了这一切。
地点设定：故事发生在一颗名为"诺亚"的未知星球上，这颗星球上遍布着古老而神秘的遗迹，传说中隐藏着足以改变宇宙命运的力量。
……

**示例2** 让 DeepSeek 生成游戏任务。

"请给我的这个冒险游戏设计3个任务。"

好的！基于《星陨：遗迹重生》的背景设定，我为你设计了三个不同风格的任务，分别对应探索、解谜和战斗，希望能为你的游戏增添趣味：

任务一：失落的数据核心
任务类型：探索与收集
任务地点：坠毁的飞船残骸区
……

这样，你就有了一个完整的 AI 角色扮演游戏的雏形！你可以继续让 DeepSeek 生成更多任务、角色设定、地图描述，让你设计出的游戏变得更加丰富！

小挑战：
- 让 DeepSeek 设计一场战斗，比如"如果我的角色是骑士，如何打败巨龙？"
- 让 DeepSeek 设计更多游戏关卡，看看它的想象力有多强！

**3** 让 DeepSeek 生成一个选择冒险游戏

你可能玩过"互动式选择游戏"，也就是游戏场景和情节会根据你的选择不同而发生变化。DeepSeek 也能帮你设计这样的游戏哦！

**示例** 让 DeepSeek 协助生成互动式选择游戏。

"我们来玩一个互动冒险游戏，你当游戏主机，我来做选择。"

好的！让我们开始一个互动冒险游戏吧。你将扮演主角，我会描述场景和情节，你做出选择，故事会根据你的选择发展。

背景故事：

你是一名年轻的冒险者，生活在一个充满魔法与怪物的奇幻世界。某天，你在一个古老的图书馆中发现了一张神秘的地图，地图上标记着一个传说中的宝藏——"星辰之泪"。据说，这颗宝石拥有无穷的力量，能够实现持有者的任何愿望。你决定踏上寻找宝藏的旅程。

第一章：启程

你站在图书馆门口，手中握着那张古老的地图。外面的天空阴沉，风卷起落叶，仿佛在预示着一场风暴即将来临。你面前有三条路可以选择。

向东：穿过幽暗的森林，据说那里有神秘的生物和古老的遗迹。

向西：沿着海岸线前进，虽然路途较长，但相对安全。

向北：进入山脉，那里有陡峭的悬崖和危险的野兽。

你会选择哪条路？请告诉我你的选择！

这个游戏可以无限延伸，你可以让 DeepSeek 不断生成新的场景、角色和挑战，直到完成整个冒险故事！

**小挑战：**

- 试试让 DeepSeek 设计一个探险主题的冒险故事，看看会发生什么！
- 让 DeepSeek 提供一个结局选择，比如"你赢了"还是"你失败了"？

❹ 让 DeepSeek 帮你编写代码，制作真正的小游戏

如果你对编程感兴趣，DeepSeek 还能帮你写代码，制作简单的小游戏！没有学过编程或对编程不了解的同学可以跳过这一小节。

**示例** **让 DeepSeek 帮助编写代码。**

"请用 Python 代码帮我写一个'猜数字'游戏。"

当然！下面是一个简单的"猜数字"游戏的 Python 代码：

```
import random
def guess_number():
```

30

```
# 生成一个1到100之间的随机数
number_to_guess=random.randint(1,100)
attempts=0
guessed=False
```
……

在 Python 中运行这个程序后，结果如图 2-6 所示，这样你就能和 AI 一起玩猜数字游戏了！如果你想学编程，DeepSeek 还可以教你更多有趣的编程知识！

```
D:\py\Python3\python.exe D:/pythonProject/py1.py
欢迎来到猜数字游戏！
我已经想好了一个1到100之间的数字，你有10次机会来猜它。
请输入你猜的数字：32
太大了！再试一次。
请输入你猜的数字：14
太大了！再试一次。
请输入你猜的数字：2
太小了！再试一次。
请输入你猜的数字：10
太小了！再试一次。
请输入你猜的数字：12
太小了！再试一次。
请输入你猜的数字：13
恭喜你！你猜对了，数字就是 13！
你一共用了 6 次机会。

进程已结束，退出代码为 0
```

图 2-6　游戏结果图

**小挑战：**
请让 DeepSeek 生成一个关于"海底探险"的互动冒险游戏！

### 2.2.3　创作一个 AI 小故事：用 DeepSeek 编写故事

你喜欢听故事吗？有没有想过，AI 也可以变成一位"故事大师"，为你编写奇幻、冒险、科幻，甚至是搞笑的故事？DeepSeek 不仅能帮你写作文，还能根据你的想法创作出独一无二的故事！

本小节的任务是——让 DeepSeek 帮你写一个精彩的小故事！你可以让它自由发挥，或者给它设定角色、地点、剧情走向，让故事更符合你的想象。

准备好进入 AI 的故事世界了吗？让我们开始吧！

**1** 让 DeepSeek 自由发挥，写一篇原创故事

如果你想看 AI 如何发挥它的创造力，可以让 DeepSeek 随意编一个故事。

**示例** 让 DeepSeek 帮助编写原创故事。

"请帮我写一个关于一名小学生误入魔法世界的冒险故事。"

> 《小学生的魔法之旅》
> 　　小明原本只是一个普通的小学生，但在一次图书馆探险中，他意外翻开了一本古老的魔法书。书页上的咒语一闪，他竟然穿越到了一个魔法王国！
> 　　在这个世界里，动物会说话，城堡会飞翔，而邪恶的黑暗巫师正在寻找失落的魔法水晶。小明结识了一只会喷火的小猫咪，并且获得了一根可以召唤风暴的魔法杖……

这样，你就得到了一个冒险故事的开头，你可以继续让 DeepSeek 扩展这个故事，或者自己发挥想象力，把故事写下去！

> **小挑战：**
> - 让 DeepSeek 把这个故事写成连载，每天更新一章！
> - 让 DeepSeek 给故事加上意外转折，比如"突然，魔法王国的国王消失了！"

**2** 让 DeepSeek 按照你的想法扩展故事

如果你已经有一个故事的雏形，DeepSeek 可以帮你完善它，增加细节，让故事变得更生动！

**示例** 提供故事设定，让 DeepSeek 来完善。

"请帮我扩展这个故事：'小女孩小悠在森林里发现了一扇通往未来的门。'"

> 小悠鼓起勇气，轻轻推开那扇门，一道耀眼的蓝光闪过，她发现自己来到了100年后的世界。
> 未来的城市里，汽车会飞翔，人们的家里有智能机器人做饭，而天空中还有会说话的云朵……然而，小悠发现这个未来世界正在面临一个巨大危机——能源即将枯竭，人类需要一种新的能源来源，否则城市将陷入黑暗！

这样，你就能看到 DeepSeek 如何根据你的想法扩展故事，让它变得更精彩！

**小挑战：**
- 让 DeepSeek 给你的故事增加"反派"角色**，比如"未来世界里有一个邪恶的科学家，他想阻止能源问题被解决。"
- 让 DeepSeek 写出一个感人的结局，比如"最终，小悠找到了解决方案，但她必须做出一个艰难的选择……"

### ③ 让 DeepSeek 写出不同风格的故事

AI 还能写出不同风格的故事，比如搞笑的、科幻的、感人的，你可以试试看！

**示例 1　让 DeepSeek 编写搞笑故事。**

"请写一个搞笑故事，主角是一只爱吃比萨饼的猫。"

> 在一个宁静的小镇上，住着一只名叫比萨的猫。比萨不是一只普通的猫，它有一个特别的爱好——吃比萨饼。无论是意大利香肠、夏威夷风情还是四重奶酪，只要是比萨饼，比萨猫都爱不释爪。
> 一天，比萨猫的主人决定举办一个比萨饼派对，邀请了所有的邻居和朋友。比萨猫听到这个消息后，兴奋得跳了起来，它决定要在派对上大显身手，展示它对比萨饼的热爱。

派对当天，比萨猫穿上了它最爱的比萨饼图案围裙，戴上了一顶小厨师帽，俨然一副大厨的模样。它站在厨房的台子上，指挥着主人和客人们如何制作完美的比萨饼……

> **示例 2** 让 DeepSeek 写一篇感人的故事。

"请写一个关于友情的感人故事。"

《画纸上的夏天》

林小夏握着画笔的手微微发抖，画纸上是一片模糊的色块。她咬着嘴唇，眼泪在眼眶里打转。

"又画坏了……"她小声嘟囔着，把画纸揉成一团扔进垃圾桶。垃圾桶里已经堆满了废稿，这是今天第二十张失败的画作。

自从上周那场车祸后，她的右手就再也无法像从前那样灵活地作画了。医生说这是创伤后遗症，需要时间恢复，可是距离美术学院的考试只剩下一个月了。

……

不同风格的故事，可以带给你不同的阅读体验，你可以让 DeepSeek 尝试更多风格，看看它的创作能力有多强！

**小挑战：**
- 让 DeepSeek 写一个悬疑故事，比如"在一座古老的宅邸里，一封神秘的信改变了一切……"
- 让 DeepSeek 写一个励志故事，比如"一名普通的学生如何成为一名宇航员？"

### ④ 让 DeepSeek 帮你改进你的故事

如果你已经写了一部分故事，但觉得不够生动，可以让 DeepSeek 帮你优化它！

**示例** 让 DeepSeek 帮助优化你的故事。

"请帮我修改这段故事,让它更有画面感。"
原文:"小明走进森林,看到了很多树,风吹过,树叶飘落。"

修改后的版本:
"小明踏入森林的瞬间,仿佛进入了另一个世界。参天的古木拔地而起,粗壮的树干上爬满了深绿的苔藓,斑驳的树皮诉说着岁月的痕迹。阳光透过层层叠叠的树冠洒下,在地上织出一片金色的光网。一阵清风拂过,树叶沙沙作响,几片金黄的枫叶在空中翩翩起舞,缓缓飘落在铺满松针的地面上。"

这个版本增加了:
视觉细节:古木、苔藓、树皮、阳光、光网、枫叶、松针地面
听觉细节:树叶沙沙声
动态描写:阳光洒下、树叶飘落
比喻手法:将阳光比作金色的光网
氛围营造:通过细节描写营造出森林的神秘与静谧
这样的描写能让读者更身临其境地感受到森林的景象,画面感更强。

这样,你的故事就变得更加生动,读起来更有代入感!

> **小挑战:**
> 请让 DeepSeek 帮你写一个关于"宇宙旅行"的故事!

## 2.3　DeepSeek 创意挑战:展示你的 AI 作品

在上一节中,你学会了如何用 DeepSeek 写诗、制作日程助手、设计小游戏和创作故事。现在,你已经掌握了 AI 的基本使用方法,但真正的乐趣在于创造和分享!

想象一下,你用 DeepSeek 写的一首诗,变成了班级朗诵会的作品;你和 DeepSeek 设计的小游戏,成为朋友们趣味挑战的首选;或者你写的科幻故事,登上了学校的文学刊物——这是不是很酷?

在这一节，我们将挑战自己，把 AI 作品分享出去，参加创意比赛、展示你的作品，并思考未来 AI 还能做些什么！

## 2.3.1 创意比赛：用 DeepSeek 完成一个创意项目

你知道吗？世界各地的科技公司、学校和创意社区，每年都会举办各种 AI 创意挑战赛，让人们用 AI 进行艺术创作、写作比赛、游戏设计等。现在，你也可以挑战自己，用 DeepSeek 完成一个 AI 创意项目，并展示给大家！

下面，我们来看看几个有趣的 AI 挑战，你可以挑一个尝试，甚至自己创造新的挑战！

### ❶ AI 诗歌挑战

任务：用 DeepSeek 创作一首诗，并进行朗诵表演！

1）用 DeepSeek 写一首原创诗，主题可以是四季、梦想、友情、宇宙探险……

2）优化诗歌，让 DeepSeek 润色，使其更押韵、更有意境。

3）朗读你的诗，录制成视频或音频，分享给朋友或者班级。

**示例** 让 DeepSeek 创作一首关于"未来世界"的诗。

"请帮我创作一首关于'未来世界'的诗。"

《数字荒原》

| | |
|---|---|
| 我站在数据的荒原上 | 记忆被压缩成文件 |
| 听风穿过服务器的缝隙 | 在云端漂浮 |
| 像一首古老的歌谣 | 像蒲公英的种子 |
| 被切割成零和一 | 寻找着落地的可能 |
| | |
| 霓虹在视网膜上跳动 | 我伸出手 |
| 编织着虚拟的星空 | 触摸全息投影的温度 |
| 而真实的星辰 | 却只触到 |
| 早已沉没在代码的海洋 | 冰冷的虚无 |

| 在这座由算法构建的城堡里 | 直到某天 |
| 我们都是被编程的旅人 | 一颗未被编码的露珠 |
| 用二进制的脚步 | 从钢铁的缝隙中渗出 |
| 丈量着永恒的黑夜 | 折射出 |
| | 最初的晨光 |

> **小挑战**：让 DeepSeek 改编古诗，比如"如果李白穿越到未来，他会怎么写诗？"

### ② AI 短篇故事挑战

任务：用 DeepSeek 创作一篇短篇小说，并制作成绘本或广播剧！

1）让 DeepSeek 帮你写一个有趣的短篇故事（可以是科幻、童话、冒险）。
2）用 DeepSeek 优化故事结构，让情节更加吸引人。
3）制作成电子绘本，搭配 AI 绘画，或者请朋友们来配音，做成广播剧！

**示例** 让 DeepSeek 创作一个《小机器人环游世界》的故事。

"请帮我创作一个《小机器人环游世界》的故事。"

**《小机器人环游世界》**

　　编号89757的小机器人站在废弃工厂的角落里，身上落满了灰尘。它的能源指示灯微弱地闪烁着，仿佛随时都会熄灭。

　　"叮……"

　　一声轻响，小机器人的光学镜头突然亮了起来。它缓缓转动头部，打量着这个陌生的世界。工厂里堆满了废弃的机器零件，阳光从破碎的玻璃窗斜射进来，在满是灰尘的地面上投下斑驳的光影。

　　小机器人低头看了看自己圆滚滚的身体，银白色的金属外壳上布满了细小的划痕。它试着活动了一下四肢，关节发出"咔咔"的响声，但还能正常运转。

　　"你好，有人吗？"小机器人发出机械的声音。回答它的只有空荡荡的回声……

进阶挑战：让 DeepSeek 根据你的故事，生成一张插画！

**③ AI 游戏创意挑战**

任务：用 DeepSeek 设计一款"互动冒险游戏"！

1）让 DeepSeek 帮你设定游戏背景（比如"古代遗迹探险"或"宇宙飞船大逃亡"）。

2）让 DeepSeek 创建游戏任务，比如"找到隐藏的钥匙才能打开下一扇门"。

3）制作一个游戏脚本，或者如果你懂编程，可以让 DeepSeek 帮你写简单的代码！

**示例** **让 DeepSeek 帮你设计一款解谜游戏。**

"请帮我设计一款解谜游戏。"

> 游戏名称：《时光迷宫》
> 
> 游戏背景：
> 
> 在未来的世界里，时间旅行已经成为可能。玩家扮演一位年轻的时间侦探，专门解决与时间相关的神秘案件。最近，城市中出现了一系列奇怪的"时间异常"现象：古老的建筑突然出现在现代街道上，未来科技物品出现在历史博物馆中。玩家必须穿越不同的时空，解开谜题，找出"时间异常"的源头……

进阶挑战：让 DeepSeek 为游戏生成更多 NPC（非玩家角色），增加趣味性！

**④ AI 漫画创作挑战**

任务：用 DeepSeek 创作一个漫画剧本，并生成 AI 插画！

1）用 DeepSeek 编写一段有趣的对话（比如"超能力猫咪大战外星人"）。

2）让 DeepSeek 帮你写分镜头脚本，比如"第一幕：猫咪被外星人抓走；第二幕：猫咪施展超能力逃脱……"

3）用 AI 绘画工具（如文心一格）生成插画，完成你的漫画！

**示例** 让 DeepSeek 设计一个科幻漫画。

"请帮我设计一个科幻漫画。"

主角是一名流浪宇航员，他在宇宙漂流时，意外发现了一颗"智慧星球"。这里的石头会说话，河流会演奏音乐，城市全是悬浮的……但他必须找到离开的方法，否则就会永远留在这里！

……

进阶挑战：让 DeepSeek 设计不同的角色，赋予他们独特的个性！

**5** AI 知识问答挑战

任务：用 DeepSeek 制作一份"AI 知识竞赛题库"！

1）让 DeepSeek 生成 20 道有趣的问答题（可以是数学、历史、科幻、AI 技术）。

2）挑战你的朋友们，看谁能答对最多！

3）用 AI 生成详细解析，让大家学到更多知识。

**示例** 让 DeepSeek 设计一场"未来科技知识竞赛"。

"请帮我设计一场'未来科技知识竞赛'"。

Q1：AI 最早是在哪一年被提出的？
Q2：第一个登上月球的机器人叫什么？
Q3：未来的交通工具会有什么新变化？

> **小挑战：**
> 让 DeepSeek 为每道题生成一张 AI 插画，让知识竞赛更生动！

### 2.3.2 作品展示：分享你的 AI 作品

你已经用 DeepSeek 创作了诗歌、故事、游戏、漫画或知识竞赛，现在，是时候让更多人欣赏你的创意！

就像歌手在舞台上演唱，画家在画展上展示作品，AI 创意作品也值得被分享。你可以让家人和朋友看到自己的作品，也可以在课堂上展示，甚至上传到网络，与全球的 AI 爱好者一起交流！

那么，如何展示你的作品，让它们更有趣、更吸引人呢？让我们一起来看看吧！

### 1 让你的 AI 作品变得更精彩

在分享作品之前，你可以对作品进行最后的优化，让它变得更有吸引力。DeepSeek 可以帮助你做到这一点！

**示例 1 让 DeepSeek 帮助优化诗歌。**

"请帮我优化这首诗，让它更加押韵和有意境。"

……
加入了更多的韵律和意境，使诗句更加和谐流畅，充满画面感。

**示例 2 让 DeepSeek 帮助润色故事。**

"请帮我把这个故事变得更紧凑，增加一点神秘感。"

……
加入了更多伏笔和悬念，让故事更有吸引力！

**示例 3 让 DeepSeek 帮助调整游戏规则。**

"我的解谜游戏有点太简单了，能不能加点挑战？"

……
增加了计时模式和额外关卡，让游戏更耐玩！

**示例 4 让 DeepSeek 帮助提升漫画对话效果。**

"请帮我让这个漫画对白变得更幽默。"

加入了更有趣的对话，让漫画更加生动！

这样，你的作品就会变得更加精美、吸引人，更适合展示！

② **选择合适的展示方式**

你的 AI 作品可以用不同的方式展示，选择最适合的，让更多人欣赏你的创意！

1）课堂展示——在课堂上分享你的作品，让同学和老师看看 AI 的神奇力量！
- 在语文课上朗读你用 DeepSeek 写的诗。
- 在科学课上分享你的 AI 知识竞赛。
- 在计算机课上展示你用 AI 设计的小游戏！

2）作品展览——把 AI 创作的作品打印出来，做成一本小册子或展板！
- 你可以为 AI 写的故事配上插画，做成一本绘本。
- 你可以把 AI 生成的漫画制作成小型画展，邀请朋友来参观。

3）视频分享——录制你的朗诵、游戏试玩或故事讲解，做成短视频！
- 你可以录一段自己朗读 AI 诗歌的视频，并加上背景音乐。
- 你可以录制游戏试玩的视频，讲解你的 AI 游戏是怎么玩的。

4）在线分享——在社交媒体、AI 论坛或学校网站上分享你的作品！
- 你可以在班级群里分享你的 AI 故事，让同学们阅读和点评。
- 你可以在 AI 社区（如 GitHub、AI 论坛）展示你的游戏代码，让更多人体验。

> **小挑战**：试试用 DeepSeek 帮你写一篇"AI 创作心得"，分享你的创作经验，让更多人了解 AI 的魅力！

③ **让别人参与到你的创作中**

分享作品不仅仅是展示，还可以让更多人参与互动，让你的作品变得更有趣！

1）邀请朋友们一起修改作品。

让朋友们帮你续写 AI 故事，看看不同人的创意会如何发展。

让同学们和 AI 一起玩游戏，提出改进建议。

2）举办小型"AI 创作大赛"。

你可以组织一个班级挑战赛，让每个人都用 DeepSeek 写一首诗，看谁的诗最有创意。

你可以组织一场 AI 知识问答比赛，看看谁能答对最多的问题。

3）让老师和家长加入你的 AI 创作。

让你的父母试试 DeepSeek，看他们能不能用 AI 写出更好的故事。

让老师体验你的 AI 小游戏，看看他们会给出什么评价。

> **小挑战**：试试让 DeepSeek 帮你设计一个"AI 创意接龙"活动，让大家一起接力完成一个 AI 故事！

# 第3章 DeepSeek玩转学科学习
## ——提升学习效率

你是否曾经遇到过以下这些学习难题：
- 语文作文不知道如何下笔。
- 数学题看了很久还是不会解。
- 英语单词背了又忘。

别担心！DeepSeek 就像一个超级智能的学习助手，能够帮你解决学习中的各种难题！在这一章，我们将探索如何让 DeepSeek 帮助你学习语文、数学、英语！你会发现，AI 不仅能解题、写作，还能激发你的思维，让学习变得更加有趣和高效！

准备好了吗？让我们开始探索 AI 学习的神奇力量吧！

## 3.1 DeepSeek 帮你学语文

语文是一门需要理解、思考和表达的学科，但是很多同学在学习语文时会遇到以下挑战。
- 作文：不知道如何构思，写出来的文章不生动。
- 古诗：诗意难懂，不知道诗人在表达什么。
- 阅读理解：找不到文章的重点，总是答不准题。

别担心，DeepSeek 就像一个"AI 语文老师"，可以帮你解决这些问题，让你的语文学习更轻松、更高效！

接下来，我们先看看 DeepSeek 如何帮助你写作文。

### 3.1.1 智能作文助手：从构思到成文

写作文是不是让你头疼？有时候，题目一出来，脑子就一片空白，不知道如何下笔？其实，写作文就像搭积木一样，需要构思、组织语言、润色，一步步完成。

DeepSeek 就像一个"作文魔法师"，能够帮你找到灵感、提供写作框架、修改句子，甚至优化你的文章，让你的作文更生动、更吸引人！

让我们来看看，DeepSeek 是如何帮你提升写作水平的吧！

**① 让 DeepSeek 帮你构思作文**

如果不知道如何构思作文，你可以让 DeepSeek 提供写作思路！

**示例** 让 DeepSeek 提供作文提纲。

"请帮我写一篇关于'我的梦想'的作文提纲。"

> **我的梦想**
>
> 一、开篇点题
>
> 以生动的场景或故事引入，例如仰望星空、观看纪录片、阅读名人传记等，引出"梦想"这一主题。
>
> 阐述梦想的意义：梦想是人生的灯塔，指引我们前进的方向，给予我们奋斗的动力。
>
> 二、梦想的萌芽
>
> 讲述梦想的起源：是什么激发了你的梦想？是一次难忘的经历、一位敬佩的人，还是一部触动心灵的作品？
>
> 描述梦想的具体内容：你的梦想是什么？是成为一名科学家、医生、艺术家，还是其他？
>
> 展现梦想的美好愿景：实现梦想后，你希望为世界带来怎样的改变？
>
> 三、追梦的历程
>
> 分享为实现梦想所做的努力：你学习了哪些知识和技能？克服了哪些困难和挑战？
>
> 讲述追梦过程中的收获：你从中学到了什么？获得了哪些成长？

展望未来的奋斗方向：为了实现梦想，你还需要做哪些努力？

四、结尾升华

强调梦想的重要性：梦想是人生的宝贵财富，值得我们为之奋斗终生。

表达坚定的信念：相信只要坚持不懈，梦想终将照进现实。

以充满希望和力量的语句结尾，例如："梦想的种子已经播下，我将用汗水浇灌，用坚持守护，静待花开。"

可选：

在文章中加入具体的例子、数据或名言警句，增强说服力。

根据自身情况，调整文章结构和内容，使其更具个性化和感染力。

希望这个提纲能够帮助你写出一篇优秀的作文！

> **小挑战：**
> 可以让 DeepSeek 生成多个提纲，比较哪一个更适合你！

### ② 让 DeepSeek 帮你写作文开头

好的开头能让你的作文更有吸引力！如果你不确定如何开头，可以让 DeepSeek 提供不同风格的作文开头。

**示例** 让 DeepSeek 帮助编写不同风格的作文开头。题目为《难忘的一天》。

"请根据《难忘的一天》这个题目写一个开头。"

"清晨的阳光透过窗帘的缝隙洒进房间，我揉了揉惺忪的睡眼，一股莫名的兴奋涌上心头。今天，注定是难忘的一天。"

"雨后的空气格外清新，泥土的芬芳混合着青草的气息，我漫步在校园的小路上，回想着那难忘的一天……"

> **小挑战：** 让 DeepSeek 生成 3 种不同风格的开头，看看哪一种最吸引人！

❸ 让 DeepSeek 帮你写作文正文

如果你已经有了大致思路，但不知道如何展开段落，可以让 DeepSeek 帮助你扩展正文内容。

**示例** 让 DeepSeek 帮助扩展作文段落。

"请帮我扩展这一段：'我看到一只受伤的小狗'。"

> 那天放学路上，我听到路边的灌木丛中传来一阵微弱的呜咽声。我循着声音望去，发现一只脏兮兮的小狗蜷缩在角落里，它的后腿有一道伤口，鲜血已经凝固，但看起来依然触目惊心。夕阳的余晖洒在小狗身上，它那双湿漉漉的眼睛里充满了恐惧和无助，我的心一下子揪了起来。
>
> 我该怎么办？要不要带它回家？可是妈妈会同意吗？我犹豫不决，但看着小狗痛苦的样子，我最终还是下定决心要帮助它。我蹲下身，小心翼翼地靠近它，轻声说道："别怕，我不会伤害你的。"小狗似乎听懂了我的话，它抬起头，用那双充满信任的眼睛望着我，我的心里涌起一股暖流。

**小挑战**：试着让 DeepSeek 帮你扩展不同类型的段落，比如描写风景、心理活动、对话等！

❹ 让 DeepSeek 帮你润色和修改作文

作文写完后，还可以让 DeepSeek 帮你检查语法、优化表达、提升文章质量！

**示例①** 让 DeepSeek 帮助修改作文。

"请帮我修改这句话：'今天的天空很蓝，很漂亮。'"

> "今天的天空湛蓝如洗，像一块晶莹剔透的蓝宝石，美得令人心醉。"
>
> "一望无际的蓝天，没有一丝云彩，仿佛一块巨大的蓝色画布，纯净而美好。"

**示例 2** 让 DeepSeek 给你的作文评分并提供建议。

"请帮我评价这篇作文,并给出改进建议。"

评分:8.5/10
优点:文章结构清晰,情感真挚,能吸引读者。
改进建议:可以加入更多细节描述,比如环境描写,让画面感更强。

> **小挑战:**
> 让 DeepSeek 评价你的作文,并尝试修改,使其更加完美!

**❺ 让 DeepSeek 提供作文素材**

如果你不知道如何丰富作文内容,可以让 DeepSeek 提供名人故事、成语、好词好句,让文章更加生动,更有说服力!

**示例** 让 DeepSeek 协助提供作文素材。

"请提供一个关于'坚持'的名人故事。"

贝多芬创作音乐:贝多芬在失聪后依然坚持创作音乐,他的故事告诉我们,即使身处逆境,也要保持对梦想的热爱和追求。

霍金探索宇宙:霍金身患重病,却依然坚持探索宇宙的奥秘,他的故事告诉我们,生命的价值在于不断探索和追求。

> **小挑战:** 让 DeepSeek 提供多个名人故事,并选择一个加入你的作文中!

## 3.1.2 古诗词解析:轻松理解古诗背后的故事

在语文学习中,古诗词是一大难点。很多诗歌的语言精练,表达的意思深奥,需要我们仔细揣摩才能真正理解。但你有没有想过,AI 也能帮你解析古诗?

47

DeepSeek 不仅可以解释诗意，还能帮你分析诗歌的背景、写作手法，甚至模仿诗人的风格创作新诗！今天，我们就来看看如何让 DeepSeek 成为你的"AI 诗词老师"，帮你更好地学习古诗词！

### ❶ 让 DeepSeek 解释诗意

当你遇到不理解的古诗时，可以让 DeepSeek 翻译成现代汉语，帮助你快速理解诗意！

**示例** 让 DeepSeek **翻译古诗**。

"请用现代汉语翻译《静夜思》。"

《静夜思》现代汉语翻译：
原文：
床前明月光，疑是地上霜。举头望明月，低头思故乡。
现代汉语翻译：
皎洁的月光洒在床前，仿佛地上铺了一层白霜。我抬起头仰望天上的明月，又低下头思念远方的故乡。

> **小挑战**：试试让 DeepSeek 翻译一首你觉得难懂的古诗，看看它的理解是否准确！

### ❷ 让 DeepSeek 解析诗歌背景

每一首古诗词都有它的创作背景，这些背景故事能帮助我们更好地理解诗人的情感和思想。DeepSeek 可以为我们讲述这些背景故事，让我们仿佛穿越时空，回到诗人创作的那一刻。

**示例** 让 DeepSeek **介绍诗歌背景**。

"杜甫的《春望》的创作背景是什么呢？"

这首诗是在唐朝安史之乱期间创作的。当时，国家动荡不安，杜甫流离失所，看到破碎的山河，他写下了这首诗。通过了解这个背景，我们就能理解诗中"国破山河在，城春草木深"的悲凉情感。

> **小挑战**：试试让 DeepSeek 讲解一首你不熟悉的诗，看看它能提供多少有用的信息！

### ❸ 让 DeepSeek 分析诗歌的写作手法

很多诗歌之所以感人，是因为诗人使用了修辞手法，比如比喻、拟人、对仗等。可以让 DeepSeek 帮你分析诗歌的表达技巧！

**示例** 让 DeepSeek 分析诗歌的修辞手法。

"请分析《春晓》的写作特点。"

**《春晓》写作特点分析**

1. 语言清新自然，通俗易懂：

全诗没有使用任何生僻字或典故，语言平易近人，即使是儿童也能轻松理解。

诗人用最简洁的语言描绘出最生动的画面，例如"处处闻啼鸟""夜来风雨声"等，读来朗朗上口，仿佛身临其境。

2. 构思巧妙，意境深远：

诗人从"春眠不觉晓"写起，看似平淡无奇，却为后文埋下伏笔。

"处处闻啼鸟"一句，既点明了春天的生机勃勃，又暗示了诗人内心的愉悦。

"夜来风雨声，花落知多少"则笔锋一转，将读者带入更深层次的思考，引发对生命无常的感慨。

……

> **小挑战**：让 DeepSeek 分析一首你喜欢的诗，看看它的解读是否符合你的理解！

### ❹ 让 DeepSeek 帮助你背诵古诗

如果你觉得背诗很难，不妨让 DeepSeek 帮你制订背诵方法，比如拆分记忆、联想记忆、押韵记忆等。

> **示例** 让 DeepSeek **提供背诵古诗的技巧**。

"请教我如何快速背诵《夜泊牛渚怀古》的方法。"

快速背诵《夜泊牛渚怀古》的方法：

1. 理解诗意，把握情感：

在背诵之前，先要理解诗歌的意思和表达的情感。可以查阅相关资料，了解诗歌的创作背景、诗人的生平经历以及诗歌中运用的典故等。

《夜泊牛渚怀古》是李白夜泊牛渚时，触景生情，怀念古人谢尚，抒发自己怀才不遇的感慨。

2. 划分层次，理清脉络：

将诗歌分成几个部分，理清诗歌的结构和脉络，可以帮助你更好地记忆。

《夜泊牛渚怀古》可以分为三层：

第一层（前四句）：写夜泊牛渚所见之景，营造出一种空旷、寂寥的氛围。

……

> **小挑战**：试试让 DeepSeek 教你背诵另一首诗，看看哪一种方法最适合你！

❺ 让 DeepSeek 模仿诗人风格写诗

如果你已经掌握了一些古诗的写作特点，可以让 DeepSeek 模仿古代诗人，创作一首新的诗！

> **示例 1** 让 DeepSeek **模仿李白写诗**。

"请模仿李白的风格写一首关于长江的诗。"

登江楼

浪起千重雪，天高雁字稀。

举杯邀明月，醉看大江归。

**示例 2** 让 DeepSeek 模仿杜甫写诗。

"请模仿杜甫的风格写一首关于乡愁的诗。"

模仿杜甫风格写乡愁的诗：

秋日思乡

秋风萧瑟天气凉，草木摇落露为霜。

群燕辞归鹄南翔，念君客游思断肠。

慊慊思归恋故乡，君何淹留寄他方？

贱妾茕茕守空房，忧来思君不敢忘。

不觉泪下沾衣裳，援琴鸣弦发清商。

短歌微吟不能长，明月皎皎照我床。

星汉西流夜未央，牵牛织女遥相望。

尔独何辜限河梁？

**小挑战：** 试试让 DeepSeek 模仿不同诗人的风格，看它能写出多接近的作品！

## 3.1.3 阅读理解小帮手：快速找到文章的重点

在语文考试中，阅读理解常常是让同学们头疼的部分。文章很长，题目难懂，有时候明明认真阅读了，但答案还是不准确？

别担心，DeepSeek 就像一个"AI 阅读老师"，可以帮助你快速抓住文章的主旨、分析段落结构、找出关键词、总结重点，让你的阅读理解能力不断得到提升！

那么，DeepSeek 如何帮你搞定阅读理解呢？让我们一起来看看！

### ① 让 DeepSeek 帮你总结文章主旨

阅读一篇文章，最重要的是弄清楚它的中心思想。如果你不确定文章的主旨，可以让 DeepSeek 帮你总结。

**示例** **让 DeepSeek 帮助总结文章主旨。**

"请总结下面这篇文章的主旨。"
文章：一只流浪狗被好心人收养，它慢慢适应新家，并最终成为一只忠诚的宠物。……

> 这篇文章的主旨是：爱与关怀可以改变生命。通过描述一只流浪狗被收养后逐渐适应新家并成为忠诚宠物的故事，文章展现了爱心和耐心如何帮助一个生命重新找到归属感和幸福。同时，故事也传递了人与动物之间深厚的情感纽带，以及给予流浪动物第二次机会的重要性。

> **小挑战**：让 DeepSeek 总结一篇更长的文章，看看它能否总结出文章的重点！

### ② 让 DeepSeek 帮你分析文章结构

有些文章看起来很复杂，但其实它们都有固定的结构，比如开头、发展、高潮、结尾。可以让 DeepSeek 帮你分析文章的结构，理清思路！

**示例** **让 DeepSeek 分析文章结构。**

"请分析这篇记叙文的结构。"
文章：小明在考试前一天非常紧张，担心自己会考不好。考试当天，他冷静答题，最终取得了好成绩。他从中学到了如何克服考试焦虑。……

> 这篇记叙文的结构清晰，遵循了典型的"起因—经过—结果—启示"的叙事模式。以下是具体分析：
> 1. 起因（背景介绍）
> 内容：小明在考试前一天非常紧张，担心自己考不好。

作用：交代故事的背景，引出主要矛盾——小明的考试焦虑。

2. 经过（事件发展）

内容：考试当天，小明冷静答题。

作用：描述小明如何面对问题，展现他从紧张到冷静的转变过程。

3. 结果（事件结局）

内容：小明最终取得了好成绩。

作用：揭示事件的结果，说明小明克服焦虑后的成功。

4. 启示（总结升华）

内容：小明从中学到了如何克服考试焦虑。

作用：总结故事的意义，升华主题，传递出克服困难、战胜自我的积极态度。

总结：

这篇文章结构完整，层次分明，通过"起因—经过—结果—启示"的叙事逻辑，清晰地展现了小明从焦虑到成功的心路历程，并传递了积极的主题思想。

> **小挑战**：让 DeepSeek 分析一篇议论文或说明文的结构，看看它的思路是否清晰！

### ③ 让 DeepSeek 帮你找出关键词和重要句子

有些阅读题会要求你找出文章的关键词或重要句子，DeepSeek 可以帮助你迅速定位！

#### 示例 1　让 DeepSeek 找出关键词。

"请找出这篇文章的关键词。"

文章：这座古老的城市曾是繁华的商业中心，如今虽然已经没落，但仍然保留着丰富的历史遗迹。

这篇文章的关键词包括：

古老的城市、繁华、商业中心、没落、历史遗迹。

这些关键词概括了文章的核心内容，突出了城市的历史地位、曾经的繁荣、现状以及文化价值。

**示例 2** 让 DeepSeek 找出最重要的句子。

"请找出这篇文章最重要的一句话。"
文章：科学研究表明，良好的睡眠习惯有助于提高记忆力和专注力，因此，我们应该保持规律的作息时间。……

最重要的句子："科学研究表明，良好的睡眠习惯有助于提高记忆力和专注力。"

**小挑战**：让 DeepSeek 找出一篇更长文章的关键词和重要句子，看看它的答案是否准确！

**4** 让 DeepSeek 帮你解答阅读理解题目

有时候，阅读理解的题目很难，DeepSeek 可以帮你解析问题，提供答题思路！

**示例 1** 让 DeepSeek 协助理解《小猫钓鱼》一文。

文章内容

小猫和小鸭一起去河边钓鱼。小猫一会儿捉蝴蝶，一会儿捉蜻蜓，总是三心二意。小鸭却一直专心地钓鱼，最后钓到了很多鱼。小猫一条鱼也没钓到，它很奇怪，问小鸭："为什么你钓到这么多鱼，而我一条鱼也没钓到？"小鸭说："因为你总是三心二意，不专心钓鱼。"

"小猫为什么一条鱼也没钓到？
这个故事告诉我们什么道理？"

小猫三心二意，一会儿捉蝴蝶，一会儿捉蜻蜓，没有专心钓鱼，所以一条鱼也没钓到。
这个故事告诉我们，做事情要专心致志，不能三心二意，否则就会一事无成。

示例 2　让 DeepSeek 帮助理解《小蜗牛的旅行》一文。

文章内容

小蜗牛决定去旅行。它背着重重的壳，慢慢地爬行。它爬过高山，越过小溪，一路上遇到了很多困难。但它没有放弃，一直坚持向前。最后，它终于到达了目的地，看到了美丽的风景。

"小蜗牛在旅行中遇到了哪些困难？
这个故事表达了怎样的主题？"

小蜗牛在旅行中爬过高山，越过小溪，背着重重的壳，这些都是它遇到的困难。

这个故事表达了坚持就是胜利的主题。小蜗牛虽然行动缓慢，但它没有放弃，一直坚持向前，最终实现了自己的目标。

小挑战：

让 DeepSeek 指导你回答一篇更复杂的阅读理解题目！

⑤ 让 DeepSeek 帮你提高阅读技巧

示例　让 DeepSeek 介绍阅读技巧。

"请告诉我提高阅读理解的技巧。"

提高阅读理解能力需要综合运用多种技巧和方法。以下是一些实用的建议：

1. 预读与预测

浏览标题、副标题和图片：了解文章的主题和大致内容。

预测内容：根据标题或开头段落，猜测文章可能涉及的内容，激发阅读兴趣。

2. 抓住主旨

关注开头和结尾：通常文章的主旨会在开头或结尾段落中明确表达。

总结段落大意：每读完一段，尝试用一句话概括其核心内容。

> 3. 识别关键词和关键句
> ……

**小挑战：** 针对你的薄弱点，让 DeepSeek 为你专门设计一套阅读理解训练方法！

## 3.2　DeepSeek 帮你学数学

数学是许多同学又爱又怕的科目。有时候，做数学题像是在解谜，很有成就感；但有时候，遇到不会的题，冥思苦想也找不到答案，感觉特别头疼。

如果有一个随时待命的"AI 数学老师"，能够帮你解题、讲解公式、提供思路、出练习题，是不是会让数学学习变得更简单？DeepSeek 就能做到这些！

在这一节，我们将探索如何让 DeepSeek 帮助你学数学，无论是解方程、几何计算，还是数学思维训练，它都能成为你的得力助手！准备好了吗？让我们开始数学探索吧！

### 3.2.1　数学题解析：一步一步教你解题

有时候，我们在考试或者写作业时遇到难题，第一反应可能是直接找答案。但如果只是抄答案，而不理解解题思路，下一次遇到类似的题目时，还是不会做！

DeepSeek 不仅可以提供答案，更重要的是，它可以一步步讲解解题思路，让你真正掌握数学知识，而不是简单地"套公式"！那么，让我们来看看 DeepSeek 如何帮助你解数学题吧！

**❶ 让 DeepSeek 帮你解方程**

当你遇到不会解的方程时，可以让 DeepSeek 一步步拆解过程，帮助你理解每一步的推导过程。

## 示例1　让 DeepSeek 帮助解一元一次方程。

"请解方程：$2x+3=7$。"

要解方程 $2x+3=7$，按照以下步骤进行：

移项：

将常数项移到等式右边：
$$2x = 7-3$$

计算右边：
$$2x = 4$$

求解 $x$：

两边同时除以2：
$$x = 4 \div 2 = 2$$

最终解为：
$$x = 2$$

## 示例2　让 DeepSeek 帮助解二元一次方程组。

请解方程组：$x+y=5$，$2x-y=4$。

要解方程组：
$$\begin{cases} x+y=5 & (1) \\ 2x-y=4 & (2) \end{cases}$$

步骤如下：

将方程（1）和方程（2）相加，消去 $y$：
$$(x+y)+(2x-y) = 5+4$$

化简后得到：
$$3x = 9$$

求解 $x$：
$$x = 9 \div 3 = 3$$

将 $x=3$ 代入方程（1），求解 $y$：
$$3+y=5$$

最终解为:
$$y = 5 - 3 = 2$$
$$x = 3, = 2$$

> **小挑战**：让 DeepSeek 讲解一道更为复杂的方程组，看看它的解题思路是否清晰！

### ② 让 DeepSeek 帮你讲解数学概念

有时候，我们会在学习数学时遇到一些不太懂的概念，比如勾股定理、因式分解、概率、几何定理等。如果你不明白，可以让 DeepSeek 用简单的语言解释，甚至举例说明！

**示例** 让 DeepSeek 解释勾股定理。

"请用简单的方式解释勾股定理。"

勾股定理可以用一个简单的例子来解释：
想象一个直角三角形，就像一把梯子靠在墙上。这个三角形有三条边。
两条较短的边（直角边）：一条是梯子底部到墙的距离，另一条是梯子顶部到地面的距离。
一条最长的边（斜边）：就是梯子本身的长度。
勾股定理告诉我们：
两条较短的边的平方和，等于最长边的平方。用公式表示就是：
$$a^2 + b^2 = c^2$$
……
总结：
勾股定理帮助我们通过两条较短的边，计算出直角三角形中最长边的长度。它就像一把"数学尺子"，用来测量直角三角形的边长！

**小挑战**：让 DeepSeek 用生活中的例子来解释另一个数学概念，比如"概率"或"圆的面积公式"。

### ❸ 让 DeepSeek 帮你解几何题

几何题常常涉及图形、角度、面积、体积等计算，有时候会让人头晕。不过，DeepSeek 可以帮你理清思路，让你更容易理解！

**示例1** 让 DeepSeek 帮助求三角形的面积。

"求底为 6cm，高为 4cm 的三角形的面积。"

三角形的面积公式：$S =$（底×高）$\div 2$
代入数值：$S = (6 \times 4) \div 2$
$S = 24 \div 2 = 12 cm^2$

**示例2** 让 DeepSeek 帮助求圆的周长和面积。

"一个半径为 5cm 的圆，求它的周长和面积。"

圆的周长公式：$C = 2\pi r$
$C = 2 \times 3.14 \times 5 = 31.4 cm$

圆的面积公式：$A = \pi r^2$
$A = 3.14 \times 5^2 = 3.14 \times 25 = 78.5 cm^2$

**小挑战**：让 DeepSeek 讲解一道更复杂的几何题，比如"求一个正方体的表面积和体积"！

### ❹ 让 DeepSeek 帮你生成数学练习题

如果你想多做练习，提高数学水平，可以让 DeepSeek 帮你生成练习题，甚至可以指定难度！让 DeepSeek 出一组数学题可以如下提问。

**示例** 让 DeepSeek 帮助生成数学练习题。

"请给我出 5 道分数加减法的练习题。"

> 3/4+1/2＝？
> 7/8-3/8＝？
> 1/3+12/3＝？
> 5/6-1/3＝？
> 4/5+3/10＝？

> **小挑战**：试着让 DeepSeek 出一组"奥数级别"的难题，看看你能解出几道！

### 3.2.2 数学思维训练：让 DeepSeek 帮你提升逻辑能力

学习数学不仅仅是为了考试和解题，更重要的是培养逻辑思维能力。当你学会用数学的方式思考问题时，你会发现生活中很多事情都可以用数学方法分析和解决，比如：

- 购物时如何计算折扣，找到最划算的商品？
- 如何用最短的路线去上学？

数学不仅仅存在于课堂上，它更是一种思维方式，能够帮助我们做出更聪明的决策。那么，如何让 DeepSeek 帮助你提升数学思维能力呢？让我们一起探索吧！

**❶ 让 DeepSeek 帮你进行逻辑推理训练**

逻辑推理是数学思维的重要组成部分，很多数学竞赛和奥数题都涉及逻辑推理。DeepSeek 可以帮助你训练逻辑推理能力，让你的思维更加缜密！

**示例1** 让 DeepSeek 协助出逻辑推理题。

"请给我出一道逻辑推理题。"

🐳 好的，以下是一道逻辑推理题：

题目：

有三个人，A、B 和 C，他们分别来自三个不同的国家：美国、英国和加拿大。已知：

A 不是美国人。

B 不是英国人。

加拿大人比 B 年纪大。

美国人年纪最小。

请问，A、B 和 C 分别来自哪个国家？

提示：你可以通过排除法和逻辑推理来找出每个人的国籍。

### 示例 2　让 DeepSeek 帮助解一道经典逻辑推理题。

"我想解一道'狼、羊、菜农夫过河'的经典逻辑推理题。"

🐳 好的！这是一个经典的逻辑推理题，题目如下：

题目：

一个农夫需要带着一只狼、一只羊和一筐菜过河。他只有一条小船，每次只能带一样东西（除了他自己）。如果农夫不在场，狼会吃羊，羊会吃菜。请问农夫应该如何安排过河顺序，才能确保狼、羊和菜都安全过河？

解题思路：

农夫需要确保在任何时候，狼和羊不会单独在一起，羊和菜也不会单独在一起。

农夫需要多次往返，合理安排每次带什么过河。

解答步骤：

第一次过河：农夫带羊过河。

河岸 A 剩下：狼和菜。

河岸 B 有：羊。

安全，因为狼不吃菜。

返回：农夫独自返回河岸 A。

河岸 A 有：狼和菜。

河岸 B 有：羊。
第二次过河：农夫带狼过河。
河岸 A 剩下：菜。
河岸 B 有：羊和狼。
不安全，因为狼会吃羊。
调整：农夫把羊带回河岸 A。
河岸 A 有：羊和菜。
河岸 B 有：狼。
第三次过河：农夫带菜过河。
河岸 A 剩下：羊。
河岸 B 有：狼和菜。
安全，因为狼不吃菜。
返回：农夫独自返回河岸 A。
河岸 A 有：羊。
河岸 B 有：狼和菜。
第四次过河：农夫带羊过河。
河岸 A 没有东西。
河岸 B 有：狼、羊和菜。
安全，所有东西都过河了。
最终结果：
农夫成功将狼、羊和菜全部安全带到对岸，且没有任何损失！

**小挑战**：让 DeepSeek 出一题更难的逻辑推理题，看看你能不能解出来！

### 2 让 DeepSeek 帮你学会概率思维

概率是数学中的一个重要概念，它能帮助我们判断某件事情发生的可能性，比如：

- 彩票中奖的概率是多少？
- 抛硬币时，连续 3 次都是正面的可能性是多少？
- 从 10 个苹果里随机抽 1 个，抽到红苹果的概率是多少？

DeepSeek 可以帮助你理解概率计算，并通过有趣的练习提高你的概率思维！

**示例 1** 让 DeepSeek 解释概率的概念。

"请用简单的方式解释概率。"

好的！概率是一个用来描述某件事情发生的可能性的数学概念。它可以帮助我们预测未来事件的结果，或者理解某些事情发生的可能性有多大。

概率的基本定义

概率通常用一个介于0和1之间的数字表示：

0表示事件绝对不会发生。

1表示事件一定会发生。

介于0和1之间的数字表示事件发生的可能性大小。比如，0.5表示事件有50%的可能性发生。

**示例 2** 让 DeepSeek 计算概率。

"抛硬币3次，全部都是正面的概率是多少？"

好的！这是一个典型的概率问题。我们可以通过以下步骤来计算抛硬币3次全部都是正面的概率。

步骤1：确定每次抛硬币的结果

每次抛硬币有两种可能的结果：

正面（记为 H）

反面（记为 T）

步骤2：计算所有可能的结果

抛硬币3次，每次的结果是独立的，所以总共有：

$$2 \times 2 \times 2 = 8$$

步骤3：确定符合条件的结果

我们要求的是"全部都是正面"，即结果必须是 HHH。在所有8种可能的结果中，只有1种符合条件。

步骤4：计算概率
概率的计算公式是：
概率＝符合条件的结果数÷所有可能的结果数
在这里：
符合条件的结果数＝1（HHH）
所有可能的结果数＝8
所以，概率是：

$$1/8 = 0.125$$

也就是12.5%。
最终答案
抛硬币3次，全部都是正面的概率是12.5%。

**示例3** 让 DeepSeek 出概率练习题。

"请给我出3道概率相关的练习题。"

好的！以下是3道概率相关的练习题，难度逐渐增加，涵盖了基础概率和条件概率的概念。每道题后面都有详细的解答步骤。
题目1：抛骰子
一个标准的六面骰子，数字分别是1到6。请问：
掷出数字4的概率是多少？
掷出偶数的概率是多少？
题目2：抽球问题
一个袋子里有5个红球、3个蓝球和2个绿球。如果随机从袋子里摸出一个球：
摸到红球的概率是多少？
摸到蓝球或绿球的概率是多少？
题目3：条件概率
某班级有30名学生，其中12名喜欢数学，18名喜欢语文。已知有6名学生既喜欢数学又喜欢语文。请问：
随机选一名学生，喜欢数学或语文的概率是多少？
如果已知一名学生喜欢语文，那么他也喜欢数学的概率是多少？

> **小挑战**：让 DeepSeek 解释一个现实生活中的概率问题，比如"为什么彩票中奖的概率会那么低？"

### ❸ 让 DeepSeek 帮你训练速算能力

快速计算是数学学习的重要技能，特别是在考试时，能让你更快地完成题目，提高正确率。DeepSeek 可以帮你出口算、心算、速算训练题，提高你的计算速度！

**示例1** **让 DeepSeek 出一组速算练习题。**

"请给我 5 道速算练习题。"

> 好的！以下是5道速算练习题，涵盖加减乘除和简单的混合运算，适合快速计算和提升心算能力。
> 题目1：加法
> 计算：47+68+25＝？
> 题目2：减法
> 计算：123-57-29＝？
> 题目3：乘法
> 计算：24×15＝？
> 题目4：除法
> 计算：144÷12＝？
> 题目5：混合运算
> 计算：36+48÷6-7×2＝？

**示例2** **让 DeepSeek 教你速算技巧。**

"请教我一些速算技巧。"

> 当然！速算技巧可以帮助你更快、更准确地完成计算，尤其是在考试或日常生活中。以下是一些实用的速算技巧，涵盖加减乘除和常见运算：

1. 加法速算技巧

技巧：凑整法

将数字拆分成容易计算的整数部分，再进行相加。

2. 减法速算技巧

技巧：补数法

用补数（即与某个整数的差）来简化减法。

3. 乘法速算技巧

技巧：分解法

将复杂的乘法拆分成简单的部分，分别计算后再相加。

4. 除法速算技巧

技巧：倍数法

将除数和被除数同时放大或缩小相同的倍数，使计算更简单。

> **小挑战**：让 DeepSeek 教你一种新的速算方法，并试着运用到你的计算中。

### 3.2.3 解决数学应用题：让 DeepSeek 帮你建立数学模型

你是否遇到过这样的情况：

- 数学公式都明白，但到了应用题就不会解。
- 题目中的信息太多，不知道从哪里入手。
- 计算过程没问题，但答案却不对。

数学应用题其实考察的是如何用数学方法分析和解决现实问题，这需要建立数学模型、列出方程、合理推理。DeepSeek 可以帮助你拆解应用题，提取关键信息，并引导你建立数学模型，让解题变得更轻松！

在这一节，我们将学习如何让 DeepSeek 帮助你解应用题，提升你的数学思维能力！

**① 让 DeepSeek 帮你提取应用题的关键信息**

在解数学应用题时，第一步就是理解题意，找出关键信息。如果你对题目的描述感到困惑，可以让 DeepSeek 帮你提取重要信息，并列出已知条件和所求问题。

**示例** 让 DeepSeek 帮助提取应用题的关键信息。

"请帮我提取这道应用题的关键信息。"

题目：一个水池有两个水龙头，单独开启 A 龙头需要 4 小时注满水池，单独开启 B 龙头需要 6 小时注满水池。如果同时打开 A 和 B 龙头，多少小时能注满水池？

好的！我们可以从题目中提取以下关键信息。

关键信息：

A 龙头的注水速度：

单独开启 A 龙头，4小时可以注满水池。

因此，A 龙头的注水效率是每小时1/4池。

B 龙头的注水速度：

单独开启 B 龙头，6小时可以注满水池。

因此，B 龙头的注水效率是每小时1/6池。

提问：

同时打开 A 和 B 龙头，多少小时能注满水池？

**小挑战**：让 DeepSeek 解析一道更长的应用题，看看它如何提取关键内容！

### ❷ 让 DeepSeek 帮你建立数学模型

在解应用题时，关键是如何将题目转换为数学表达式，也就是建立数学模型。如果你不知道如何列出方程，可以让 DeepSeek 指导你！

**示例** 让 DeepSeek 帮你解决问题。

"请帮我列出这道水池应用题的方程。"

题目：一个水池有两个水龙头，单独开启 A 龙头需要 4 小时注满水池，单独开启 B 龙头需要 6 小时注满水池。如果同时打开 A 和 B 龙头，多少小时能注满水池？

A 龙头单独注满水池需要4小时，因此 A 龙头的注水效率是每小时 1/4 池。

B 龙头单独注满水池需要6小时，因此 B 龙头的注水效率是每小时 1/6 池。

同时打开 A 和 B 龙头时，它们的总注水效率是两者效率之和。

设未知数：

设同时打开 A 和 B 龙头时，注满水池需要的时间为 $t$ 小时。

列方程：

A 龙头在 $t$ 小时内注水的量为：

$$1/4 \times t$$

B 龙头在 $t$ 小时内注水的量为：

$$1/6 \times t$$

两个龙头同时工作时，注满总量为1的水池，因此方程为：

$$1/4\,t + 1/6\,t = 1$$

解方程：

合并同类项：

$$(1/4 + 1/6)\,t = 1$$

计算括号内的和：

$$1/4 + 1/6 = 3/12 + 2/12 = 5/12$$

代入方程：

$$5/12\,t = 1$$

解出 $t$：

$$t = 12/5 = 2.4 \text{小时}$$

> **小挑战**：让 DeepSeek 解析另一道应用题，并观察它如何建立数学模型！

### ❸ 让 DeepSeek 帮你解决行程问题

行程问题是数学应用题中的常见类型，涉及速度、时间和距离的关系。DeepSeek 可以帮助你理解"路程＝速度×时间"的应用，并引导你正确解题！

### 示例 1　让 DeepSeek 帮助解决行程问题。

"请帮我解这道行程问题。"
题目：一辆汽车从 A 城到 B 城的路程是 240 千米。如果它以 80 千米/小时的速度行驶，需要多少小时到达？

好的！这是一道简单的行程问题，可以通过公式"时间=路程÷速度"来解决。以下是详细的解答步骤。
已知条件：
路程（A 城到 B 城的距离）：240 千米。
速度：80 千米/小时。
求解目标：
计算汽车从 A 城到 B 城所需的时间。
解题步骤：
列出公式：

$$时间 = 路程 \div 速度$$

代入已知数值：

$$时间 = 240 千米 \div 80 千米/小时$$

计算时间：

$$时间 = 3 小时$$

最终答案：
汽车以 80 千米/小时的速度行驶，从 A 城到 B 城需要 3 小时。

### 示例 2　让 DeepSeek 帮助解决更复杂的行程问题。

"还是这道行程问题，如果中途休息 30 分钟，总时间是多少？"

好的！如果汽车在中途休息 30 分钟，我们需要将休息时间加到行驶时间中。以下是详细的解答步骤：
已知条件：
行驶时间：3 小时（根据之前的计算）。

休息时间：30分钟。
解题步骤：
将休息时间转换为小时：
30分钟＝0.5小时。
计算总时间：
总时间＝行驶时间+休息时间＝3小时+0.5小时＝3.5小时
最终答案：
如果中途休息30分钟，总时间是3.5小时（即3小时30分钟）。

> **小挑战**：让 DeepSeek 解一道涉及"相遇问题"或"追及问题"的行程题！

### 4 让 DeepSeek 帮你解工作问题

工作问题和水池注水问题类似，考察的是工作效率的合并计算。DeepSeek 可以帮助你建立"工作量＝工作效率×时间"的数学模型！

**示例** 让 DeepSeek 帮助解决工作问题。

"请帮我解这道工作问题。"
题目：甲单独完成一项工作需要 **6 天**，乙单独完成这项工作需要 **8 天**。如果甲、乙合作，需要多少天完成？

好的！这是一道典型的工作效率问题，可以通过计算甲和乙的工作效率来解决。以下是详细的解答步骤：
已知条件：
甲单独完成工作需要6天，因此甲的工作效率是每天1/6的工作量。
乙单独完成工作需要8天，因此乙的工作效率是每天1/8的工作量。
求解目标：
计算甲和乙合作完成这项工作需要的天数。
解题步骤：
计算甲和乙的总工作效率：

甲的工作效率+乙的工作效率=1/6+1/8
通分并相加：
$$1/6+1/8=4/24+3/24=7/24$$
因此，甲和乙合作每天能完成7/24的工作量。
计算完成工作所需的时间：
设总工作量为1，所需时间为 $t$ 天。
根据工作效率公式：
$$7/24 \times t = 1$$
解方程：
$$t = 24 \div 7 \approx 3.4286 天$$
最终答案：
甲和乙合作完成这项工作需要24/7天（约3.43天）。

**小挑战：** 让 DeepSeek 解析另一道更复杂的工作问题，并观察它的解题过程！

### 5 让 DeepSeek 帮你解生活中的数学问题

数学不仅仅用于考试，它还能帮助我们解决现实生活中的问题。你可以让 DeepSeek 计算购物折扣、贷款利息、旅行预算等！

**示例1** 让 DeepSeek 帮助计算购物折扣。

"一件衣服原价 200 元，现在打 8 折，实际要付多少钱？"

计算实际价格：
实际价格=原价×折扣=200×0.8=160元

**示例2** 让 DeepSeek 帮助计算利息。

"银行存款 10000 元，年利率 2%，存 3 年后有多少利息？"

> **解题步骤：**
> 使用简单利息公式：
> $$利息 = P \times r \times t$$
> 代入已知数值：
> $$利息 = 10000 \times 0.02 \times 3$$
> 计算利息：
> $$利息 = 600 元$$

> **小挑战**：让 DeepSeek 帮你计算一趟旅行的预算，看看它的数学模型是否合理！

## 3.3 DeepSeek 帮你学英语

英语学习的过程中，你是否遇到过以下这些问题：

- 单词背了又忘，不知如何记得更牢固。
- 语法规则太复杂，不知道如何正确使用。
- 英语作文中使用的词汇单调，不知如何提高表达能力。
- 口语练习没人陪，无法提升英语交流能力。

别担心，DeepSeek 可以像你的私人英语老师一样，帮助你记单词、学语法、写作文、练口语，让你的英语学习更加轻松有趣！

在这一节，我们将探索 DeepSeek 如何帮助你高效学习英语，让你在考试、写作、交流中都能更加自信！

### 3.3.1 让 DeepSeek 帮你记单词：掌握词汇更轻松

在学习英语的过程中，词汇量是基础。但是，很多同学背单词时总是容易遗忘、记得慢、不知道如何用，让人很苦恼。

DeepSeek 可以帮助你高效记忆单词，通过联想记忆、例句记忆、词根词缀分析等方法，让单词学习变得更加高效和有趣！

接下来，我们看看如何让 DeepSeek 帮助你更好地记住单词！

## ❶ 让 DeepSeek 用联想记忆法帮你记单词

联想记忆法可以帮助你通过图像、故事、谐音等方式，更容易记住单词的意思。

**示例 1** 让 DeepSeek 用联想法记单词。

"请用联想法帮我记住单词 elephant（大象）。"

好的！我们可以通过联想法来记住单词 elephant（大象）。以下是一个有趣的联想方式：

拆分单词：把"elephant"拆分成容易联想的部分，比如"ele"和"phant"。

"ele"听起来像中文的"饿了"。

"phant"可以联想到"饭特"（特别多的饭）。

记忆口诀：

"饿了（ele）的大象，饭特（phant）多！"

通过这种联想，你可以轻松记住"elephant"这个单词！试试看吧！

**示例 2** 让 DeepSeek 帮助用故事记单词。

"请用故事帮助我记住单词 enormous（巨大的）。"

好的！我们可以通过一个有趣的故事来记住单词 enormous（巨大的）。以下是一个联想故事：

联想故事：

编故事：

一只鹅（e）发现了一个"标准"（norm）大小的蛋糕，但它觉得这个蛋糕太小了，根本不够吃。

于是鹅决定找一个巨大的（enormous）蛋糕，不然它真的会"饿死"（ous）！

最终，鹅找到了一个像山一样大的蛋糕，开心地吃了起来。

记忆口诀：
"鹅（e）的标准（norm）蛋糕太小了，差点饿死（ous），只好找个巨大的（enormous）蛋糕！"

通过这个故事，你可以轻松记住"enormous"的意思是"巨大的"！试试看吧！

**小挑战**：让 DeepSeek 用联想法帮你记住 5 个新单词，看看它的创意如何！

### 2 让 DeepSeek 用例句帮你记住单词

使用单词造句是记住单词的最佳方式之一。你可以让 DeepSeek 用某个单词造 3 个不同的句子，帮助你更好地理解和记忆！

**示例** 让 DeepSeek 协助用例句记单词。

"请用'incredible'（难以置信的）造 3 个句子。"

当然！以下是使用 incredible（难以置信的）造的 3 个句子：

The view from the top of the mountain was incredible, with endless clouds and sunlight shining through.
（从山顶看到的景色令人难以置信，无尽的云海和阳光穿透其中。）
She has an incredible talent for playing the piano; everyone is amazed by her skills.
（她弹钢琴的天赋令人难以置信，每个人都为她的技巧感到惊叹。）
It's incredible how fast technology has developed in the past decade.
（过去十年科技发展的速度真是令人难以置信。）

**小挑战**：让 DeepSeek 用你最喜欢的单词造 3 个例句，并试着自己说出来！

### 3 让 DeepSeek 分析单词的词根词缀

学习词根词缀可以帮助你快速扩展词汇量，理解更多单词的意思！

### 示例 1　让 DeepSeek 解析词根。

"请解释单词'**transport**'（运输）的词根。"

好的！我们来拆解一下单词 transport（运输）的词根，帮助你更好地理解它的构成和含义。

词根解析：

trans-：

这是一个拉丁语前缀，意思是"跨越"或"穿过"。

例如：translate（翻译）（把一种语言"跨越"到另一种语言）、transfer（转移）（从一个地方"跨越"到另一个地方）。

-port：

这是一个拉丁语词根，意思是"携带"或"搬运"。

例如：portable（便携的）（可以"携带"的）、import（进口）（把东西"搬运"进来）。

### 示例 2　让 DeepSeek 教你多个单词的词根。

"请教给我 5 组词根来记忆单词。"

当然！以下是5组词根记忆单词，每组都包含一个常见词根、它的含义以及相关单词示例，帮助你通过词根快速扩展词汇量！

1. 词根：-spect-（看）

含义：与"看"或"观察"相关。

单词示例：

inspect（检查）= in-（向内）+ -spect-（看）→向内看，仔细检查。

respect（尊重）= re-（再次）+ -spect-（看）→反复看，表示重视。

spectacle（景象）= -spect-（看）+ -acle（名词后缀）→值得看的东西。

……

**小挑战：** 让 DeepSeek 帮你整理 10 个重要的词根，并找出它们的常见单词！

### ④ 让 DeepSeek 帮你制作单词记忆表

你可以让 DeepSeek 生成单词表，帮助你每天学习新单词，并制订记忆计划！

**示例** 让 **DeepSeek 制订单词表**。

"请给我制订一个 5 天的单词学习计划，每天 5 个单词。"

当然！以下是一个5天单词学习计划，每天学习5个单词，并附带记忆方法和例句，帮助你高效掌握！

Day1：词根-spect-（看）

inspect（检查）

记忆：in-（向内）+-spect-（看）→向内看，仔细检查。

例句：The manager will inspect the report before submitting it.

respect（尊重）

记忆：re-（再次）+-spect-（看）→反复看，表示重视。

例句：We should respect everyone's opinions.

……

**小挑战：** 让 DeepSeek 生成一个适合你的个性化单词学习计划，并每天检查自己的进度！

### 3.3.2 让 DeepSeek 帮你学语法：掌握英语规则更轻松

在英语学习中，语法是许多同学感到头疼的部分。你是否遇到过以下这些问题：

- 时态总是搞混，不知道什么时候用过去式、现在完成时。
- 句子结构不清楚，分不清主语、谓语、宾语。
- 介词、连词、从句太复杂，不知道如何正确使用。

别担心，DeepSeek 可以成为你的 AI 语法老师，帮助你理解语法规则、分析句子结构、纠正语法错误，让你的英语表达更加精准！

接下来，我们看看如何让 DeepSeek 帮助你掌握英语语法，让学习变得更轻松！

### ① 让 DeepSeek 解释英语时态

英语中有 16 种时态，如果你总是搞混它们的用法，可以让 DeepSeek 用简单的方式帮你整理和讲解！

**示例 1** 让 DeepSeek 解释时态。

"请用简单的方法解释'现在完成时'的用法。"

"现在完成时"用于描述过去发生的动作对现在产生的影响或结果。它的基本结构是"have/has+过去分词"。

主要用法：
动作已完成，但与现在相关：
例：I have finished my homework.（我已经完成了作业。）
说明：作业已完成，现在可以做其他事情。

动作从过去持续到现在：
例：She has lived here for five years.（她在这里住了五年。）
说明：她从五年前开始就住在这里，现在仍然住在这里。

经历或经验：
例：Have you ever been to Japan?（你去过日本吗？）
说明：询问过去的经历是否发生过。
……

**示例 2** 让 DeepSeek 归纳所有时态的区别。

"请总结英语所有时态的区别。"

好的！现在完成时（Present Perfect Tense）是英语中一个非常重要的时态，用来描述过去发生的事情对现在的影响或结果。以下是简单易懂的解释和用法。

1. 基本结构：

have/has+过去分词

例如：I have eaten（我吃过了），She has finished（她已经完成了）。

2. 主要用法：

（1）表示过去发生的动作对现在有影响。

强调动作的结果或影响现在仍然存在。

……

**小挑战**：让 DeepSeek 讲解一个你最难理解的时态，并用例句解释！

### ❷ 让 DeepSeek 分析句子结构

有时候，我们看到一句长长的英文句子，不知道它的主语、谓语、宾语在哪里？DeepSeek 可以帮你解析句子结构，让你更清楚句子的组成部分！

**示例 1 让 DeepSeek 分析句子结构。**

"请分析这句话的句子结构：'The boy who is wearing a blue jacket is my best friend.'"

好的！我们来分析这句话的句子结构：

句子：

The boy who is wearing a blue jacket is my best friend.

句子成分总结：

The boy：主语（Subject）

who is wearing a blue jacket：定语从句（Relative Clause），修饰"The boy"。

is：系动词（Linking Verb）

my best friend：表语（Predicate Nominative）

The boy（主语）
│
├── who is wearing a blue jacket（定语从句，修饰"The boy"）
│　├── who（关系代词，指代"the boy"）
│　├── is wearing（谓语动词，现在进行时）
│　└── a blue jacket（宾语）
│
└── is my best friend（主句的谓语部分）
　　├── is（系动词）
　　└── my best friend（表语）

翻译：

"那个穿着蓝色夹克的男孩是我最好的朋友。"

通过分析，你可以清楚地看到句子的主干是 The boy is my best friend，而 who is wearing a blue jacket 是一个定语从句，用来修饰"The boy"。希望这个分析对你有帮助！

### 示例 2　让 DeepSeek 拆解更复杂的句子。

"请拆解这句话：'If I had known you were coming, I would have prepared a bigger meal.'"

好的！我们来拆解这句话：

句子：

If I had known you were coming, I would have prepared a bigger meal.

句子结构分析：

1. 主句（Main Clause）：

I would have prepared a bigger meal.

I：主语（Subject）

would have prepared：谓语动词（Predicate Verb），使用"would have+过

去分词"表示虚拟语气的过去完成时。

a bigger meal：宾语（Object），表示"准备什么"。

……

> **小挑战**：让 DeepSeek 分析一句更长的句子，并解释每个部分的作用！

### ③ 让 DeepSeek 纠正语法错误

如果你写了一段英文，但不确定有没有语法错误，可以让 DeepSeek 帮你检查并纠正！

**示例 1** 让 DeepSeek 检查语法错误。

"请检查这句话的语法错误：'He go to school every day.'"

好的！我们来检查这句话的语法错误：

原句：

He go to school every day.

错误分析：

主谓一致错误：

主语是 He（第三人称单数），而谓语动词 go 是原形，没有根据主语的人称和数进行变化。

正确形式应该是 goes。

改正后的句子：

He goes to school every day.

翻译：

"他每天去上学。"

语法点：

在一般现在时中，当主语是第三人称单数（he/she/it）时，谓语动词需要加 -s 或 -es。

例如：He goes… . She eats… . It runs… .

希望这个解释对你有帮助！如果还有其他问题，欢迎随时问我。

### 示例 2　让 DeepSeek 检查一段文本。

"请检查这段短文的语法错误。"

原文：Yesterday, I go to the park and see many beautiful flowers. It was very fun.

好的！我们来检查这段短文的语法错误：

原文：

Yesterday, I go to the park and see many beautiful flowers. It was very fun.

错误分析：

时态错误：

句子开头提到 Yesterday（昨天），说明动作发生在过去，但动词 go 和 see 使用的是一般现在时，与时间状语不符。

正确形式应该是 went 和 saw。

……

> **小挑战：**
> 让 DeepSeek 帮你检查一篇英语作文的语法，并优化表达！

### ④ 让 DeepSeek 帮你练习句型转换

如果你想让自己的英语句子更加多样化，可以让 DeepSeek 帮助你练习句型转换，提升你的英文写作能力！

### 示例 1　让 DeepSeek 改写句子。

"请把'I don't like ice cream.'改写成疑问句、否定句和感叹句。"

好的！以下是句子"I don't like ice cream."的改写。

1. 疑问句：

Don't you like ice cream?

（你不喜欢冰淇淋吗？）

2. 否定句：

I really don't like ice cream.

（我真的不喜欢冰淇淋。）

添加 really 来加强语气。

3. 感叹句：

I don't like ice cream at all!

（我一点也不喜欢冰淇淋！）

添加 at all 来表达强烈的否定情绪。

**示例 2** 让 DeepSeek 练习被动语态。

"请把'The teacher gave me a book.'改成被动语态。"

好的！将句子"The teacher gave me a book."改为被动语态如下。

原句：

The teacher gave me a book.

（老师给了我一本书。）

被动语态：

A book was given to me by the teacher.

（一本书被老师给了我。）

**小挑战**：让 DeepSeek 练习其他句型转换，比如直接引语变间接引语！

### 3.3.3 让 DeepSeek 帮你写英语作文：提高写作表达能力

英语写作是很多同学的薄弱环节，你是否遇到过以下这些问题：

- 不会组织思路，不知道如何开头和结尾。
- 用词太单调，总是重复使用简单的单词。
- 语法错误多，句子结构不够丰富。

别担心，DeepSeek 可以成为你的 AI 写作导师，帮助你构思作文、优化句子、修改语法、丰富表达，让你的英语作文更有逻辑、更精彩！

在这一节，我们看看如何让 DeepSeek 帮助你写出优秀的英语作文，提升你的写作能力！

**❶ 让 DeepSeek 帮你构思作文大纲**

在写作文之前，构思大纲非常重要。DeepSeek 可以帮你整理清晰的写作思路，让文章结构更加合理！

**示例** 让 DeepSeek 生成作文提纲。

"请帮我写一篇题目为'My Dream Job'（我的理想职业）的作文大纲。"

示例大纲：

Introduction

Everyone has a dream job.

My dream job is to become a software engineer.

Body

Why I chose this career：

Passion for technology and problem-solving.

Inspired by my first coding experience in high school.

Characteristics and challenges：

Responsibilities：Developing apps and solving technical issues.

Challenges：Keeping up with fast-changing technology.

How to achieve my dream：

Study computer science and practice coding regularly.

Participate in internships and coding competitions.

Conclusion

Becoming a software engineer is my way of creating solutions for the world.

I am confident that I can achieve my dream through hard work.

希望这个大纲能帮助你写出一篇精彩的作文！如果还有其他问题，欢迎随时问我！

> **? 小挑战**：让 DeepSeek 生成不同类型的作文提纲，比如记叙文、议论文、说明文！

② 让 DeepSeek 帮你写作文开头

好的开头可以吸引读者的注意。你可以让 DeepSeek 提供不同风格的作文开头，看看哪种最适合你的文章！

**示例** 让 DeepSeek 提供不同风格的作文开头。

题目：《A Memorable Day》（难忘的一天），请给我设计不同风格的开头。

好的！以下是《A Memorable Day》（难忘的一天）的几种不同风格的开头，供你参考：

1. 描述性开头（Descriptive）

The sun was shining brightly, casting a golden glow over the bustling streets, and the air was filled with the scent of blooming flowers. It was a day that started like any other, but little did I know, it would become one of the most memorable days of my life.

（阳光明媚，洒在熙熙攘攘的街道上，空气中弥漫着花香。这一天开始时和往常一样，但我没想到，它会成为我一生中最难忘的一天。）

……

> **? 小挑战**：让 DeepSeek 提供 3 种不同风格的开头，选择其中一个作为你的作文开场白！

③ 让 DeepSeek 帮你扩展作文正文

如果你不知道如何扩展正文，可以让 DeepSeek 补充细节、优化描述、增加论点，让文章更加充实！

**示例 1** 让 DeepSeek 扩展段落。

"请帮我扩展这句话：'I visited the beach last summer.'"

好的！以下是扩展后的句子，加入了更多细节和描述，使其更生动有趣：

原句：

I visited the beach last summer.

扩展后的句子：

Last summer, I visited a stunning beach with crystal-clear water and soft, golden sand. The sun was shining brightly, and the gentle waves created a soothing rhythm as they crashed against the shore. I spent the day swimming in the refreshing ocean, building sandcastles with my friends, and enjoying a delicious picnic under the shade of a palm tree. It was a perfect day that I will never forget.

翻译：

"去年夏天，我参观了一片美丽的海滩，那里有清澈的海水和柔软的金色沙滩。阳光明媚，轻柔的海浪拍打着海岸，形成了一种舒缓的节奏。我在清凉的海水中游泳，和朋友们一起堆沙堡，还在棕榈树的树荫下享用了美味的野餐。那是完美的一天，我永远都不会忘记。"

**示例 2** 让 DeepSeek 提供论点（议论文）。

"请帮我写一篇关于'Online Learning vs. Traditional Learning'（线上学习 vs. 传统学习）的议论文正文。"

好的！以下是关于 Online Learning vs. Traditional Learning（线上学习 vs. 传统学习）的议论文正文，分为支持线上学习和支持传统学习两个角度，最后总结平衡观点。

正文：

支持线上学习的优点

Online learning has become increasingly popular in recent years, especially with the advancement of technology. One of its greatest advantages is flexibility. Students can access courses from anywhere in the world, at……

总结：

In conclusion, both online and traditional learning have their unique advantages, and the ideal approach may vary depending on the situation. By understanding the strengths of each method, students and educators can make informed decisions to create the most effective learning experience.

（总之，线上学习和传统学习各有独特的优势，理想的方法可能因情况而异。通过了解每种方法的优点，学生和教育者可以做出明智的决定，创造最有效的学习体验。）

希望这篇议论文正文对你有帮助！如果需要进一步修改或补充，请随时告诉我！

**小挑战**：让 DeepSeek 试着补充你的作文正文，让文章更加充实！

### ❹ 让 DeepSeek 帮你修改作文，优化表达

你可以让 DeepSeek 检查你的作文，帮你修改语法错误、优化句子结构、提升词汇多样性，让文章更流畅、更自然！

**示例 1** 让 DeepSeek 检查语法错误。

"请检查这段作文的语法错误。"

原文：I visit the zoo yesterday and observe a variety of animals.

好的！我们来检查这段作文的语法错误：

原文：

I visit the zoo yesterday and observe a variety of animals.

错误分析：

时态错误：

句子中提到 yesterday（昨天），说明动作发生在过去，但动词 visit 和

observe 使用的是一般现在时，与时间状语不符。

正确形式应该是 visited 和 observed。

并列动词时态不一致：

两个动词 visited 和 observed 应该保持一致，都用过去式。

改正后的句子：

I visited the zoo yesterday and observed a variety of animals.

### 示例 2　让 DeepSeek 优化句子。

"请优化这句话：'The movie was very good and I liked it a lot.'"

好的！以下是优化后的句子，通过更生动的词汇和表达方式提升句子的表现力：

原句：

The movie was very good and I liked it a lot.

优化后的句子：

The movie was absolutely fantastic, and I thoroughly enjoyed it.

（这部电影非常精彩，我完全沉浸其中。）

I was completely captivated by the movie; it was truly remarkable.

（我被这部电影深深吸引，它确实令人印象深刻。）

> **小挑战**：让 DeepSeek 帮你优化一篇短作文，看看它能如何提升你的表达！

### ⑤ 让 DeepSeek 帮你提升词汇多样性

很多同学的作文总是重复使用简单的单词，比如 good、bad、big、small，这样会让文章显得单调。可以让 DeepSeek 推荐更高级的替换词，使你的写作更生动！

### 示例 1　让 DeepSeek 提供更高级的词汇。

"请提供'good'的 5 个高级替换词。"

当然！以下是 good 的5个高级替换词，适合在不同语境中使用。
1. Excellent
含义：极好的，出色的。
例句：The performance was excellent, and the audience gave a standing ovation.
（表演非常出色，观众起立鼓掌。）
……

### 示例 2　让 DeepSeek 优化一段文字。

"请用更丰富的词汇改写这段话。"
原文：The book was good. It was interesting and had a lot of details.

好的！以下是改写后的段落，使用了更丰富的词汇和更生动的表达。

原文：

The book was good. It was interesting and had a lot of details.

改写后的段落：

The book was absolutely captivating. It was not only thought-provoking but also meticulously detailed, offering a deep dive into its subject matter. Every page was filled with fascinating insights, making it impossible to put down.

翻译：

"这本书非常引人入胜。它不仅发人深省，而且细节丰富，深入探讨了主题。每一页都充满了引人入胜的见解，让人爱不释手。"

**小挑战**：让 DeepSeek 重新改写一段你的作文，看看它能如何提升词汇丰富度！

## 第4章 DeepSeek探索个人兴趣——激发创意无限可能

你是否遇到过如下兴趣探索的难题：
- 不知道如何开始做科学实验。
- 想设计一个创意小报，但不知道从哪里下手。
- 想学编程，但觉得太复杂，不知道如何入门。

别担心！DeepSeek 就像一个创意无限的小伙伴，能够帮助你发现和拓展自己的兴趣！在本章中，我们将一起探索如何利用 DeepSeek 学科学、设计创意小报、制作 PPT，甚至开启编程之旅！你会发现，AI 不仅能激发你的创造力，还能让你在玩中学、在学中玩，收获更多的乐趣和成就感。

你准备好了吗？让我们一起开启属于你的创意与兴趣探索之旅吧。

### 4.1 DeepSeek 帮你学科学

你是否对科学充满好奇？是否想知道宇宙的奥秘、化学的反应、生物的奇妙世界，或者物理定律是如何影响我们的生活的？但有时候，科学课上的有些问题可能会让人感到困惑，比如：
- 为什么天空是蓝色的？
- 电流是怎么流动的？
- 基因如何决定我们的特征？

别担心，DeepSeek 就像你的 AI 科学导师，可以用简单有趣的方式讲解科学概念、帮助你理解实验、解答科学问题，让科学学习变得更加轻松和有趣。

在这一节，我们将一起探讨如何利用 DeepSeek 学习科学，一起探索世界的奥秘。

### 4.1.1 让 DeepSeek 帮你理解科学概念

科学课上的一些知识点可能抽象难懂，但如果用更生动的比喻或故事来解释，就会容易理解得多。DeepSeek 可以用简单易懂的语言、生活中的例子、有趣的故事，帮助你掌握科学概念。

下面让我们看看 DeepSeek 如何用通俗易懂的方式讲解科学知识。

**❶ 让 DeepSeek 用简单的方式解释科学概念**

如果你对某个科学概念不太理解，则可以让 DeepSeek 用简单的语言解释，甚至用比喻或生活中的例子来帮助理解。

**示例 1** 让 DeepSeek 解释"牛顿第一定律"。

"请用简单的方式解释牛顿第一定律。"

---

好的！牛顿第一定律可以用简单的方式来解释：

牛顿第一定律（惯性定律）：
"如果一个物体没有受到外力的作用，它会保持原来的运动状态。"
简单解释：
静止的物体会保持静止：
比如，桌上的书如果没有被推或拉，它会一直待在原地不动。
运动的物体会保持匀速直线运动：
比如，在太空中，一个滚动的球如果没有受到任何外力（比如引力或摩擦力），它会一直以相同的速度滚下去，永远不会停下来。
改变运动状态需要外力：
比如，踢足球时，足球从静止到飞出去，是因为你的脚给了它一个力。

**示例2** 让 DeepSeek 解释"电流"。

"请用生活中的例子解释电流。"

好的！电流可以用生活中的例子来简单解释：

什么是电流？

电流是电荷的流动，就像水流一样。电荷通常是电子，它们在电线中移动，形成电流。

生活中的例子：

1. 水流比喻：

想象一条水管，水从一端流向另一端。电流就像水管中的水，电线就像水管，电子就像水分子。

电压：水压越高，水流越快；电压越高，电流越大。

电阻：水管越窄，水流越慢；电阻越大，电流越小。

……

> **小挑战**：让 DeepSeek 用比喻或故事解释你不理解的科学概念，比如"酸碱中和反应"或"基因的作用"。

**❷ 让 DeepSeek 帮你解答科学问题**

如果你在学习科学时遇到了疑问，那么 DeepSeek 可以帮助你查找信息，并提供详细解答。

**示例1** 让 DeepSeek 解答科学问题。

"为什么天空是蓝色的？"

天空是蓝色的，是因为太阳光中的蓝光被大气层中的分子散射到各个方向，而我们的眼睛接收到了这些散射的蓝光。

**示例 2** 让 DeepSeek 解释"为什么我们不能直接看到紫外线"。

"为什么我们不能直接看到紫外线?"

我们无法直接看到紫外线,主要是因为人眼的生理结构和紫外线的特性。以下是详细的解释:

1. 人眼的可见光范围:

人眼只能感知波长在400纳米(紫光)到700纳米(红光)之间的光,这个范围被称为可见光谱。

紫外线的波长比紫光更短,通常在10纳米到400纳米之间,超出了人眼的感知范围。

2. 眼睛的结构限制:

角膜和晶状体:人眼的角膜和晶状体会吸收大部分紫外线,防止它到达视网膜。这是一种保护机制,因为紫外线可能会损伤视网膜。

视网膜的感光细胞:视网膜上的感光细胞(视杆细胞和视锥细胞)只能对可见光产生反应,无法检测到紫外线。

> **小挑战**:向 DeepSeek 提出 3 个你最想知道答案的科学问题,看看 AI 如何解答。

### ③ 让 DeepSeek 帮你理解科学实验

科学实验是学习科学的重要方式,但有时候,实验步骤复杂,现象不容易理解,DeepSeek 可以帮助你解释实验原理、预测结果,甚至提供改进方法。

**示例 1** 让 DeepSeek 解释化学实验。

"请解释'氧气的制取'实验原理。"

好的!以下是氧气的制取实验原理的详细解释:

实验原理:

氧气的制取通常通过分解含氧化合物来实现。常见的实验方法有两种:

加热高锰酸钾（$KMnO_4$）。

分解过氧化氢（$H_2O_2$）。

**示例 2** 让 DeepSeek 预测实验现象。

"把鸡蛋放进醋里，48 小时后会发生什么？"

把鸡蛋放进醋里，48 小时后会发生一个有趣的化学反应！以下是详细的解释和现象：

实验现象：

蛋壳溶解：

鸡蛋壳的主要成分是碳酸钙（$CaCO_3$），而醋的主要成分是乙酸（$CH_3COOH$）。

两者会发生化学反应，生成二氧化碳气体（$CO_2$）和可溶于水的醋酸钙。

你会看到蛋壳表面冒出气泡（二氧化碳），蛋壳逐渐变软并最终完全溶解。

鸡蛋变成弹性球：

蛋壳溶解后，鸡蛋只剩下一层半透膜包裹着蛋清和蛋黄。

这层膜是半透性的，允许醋中的水分子进入鸡蛋，导致鸡蛋稍微膨胀。

最终，鸡蛋会变成一个柔软、有弹性的"球"，可以轻轻捏压甚至弹跳。

> **小挑战**：让 DeepSeek 解释一个物理或化学实验的原理，并预测实验现象。

## 4.1.2 让 DeepSeek 帮你做科学实验：探索科学的奥秘

科学不仅仅是书本上的知识，更是动手实验的过程！通过实验，你可以亲眼看到科学现象，自己验证科学原理，从而对知识有更深入的理解。但是，有时候你可能会遇到如下问题：

- 不知道该做什么实验。

- 不理解实验背后的科学原理。
- 实验数据如何分析及如何通过它得出结论。

别担心，DeepSeek 可以像你的 AI 实验助手一样，帮助你设计科学实验、分析实验原理、预测实验现象，并提供改进建议，让你的科学探索更加高效有趣！

接下来，我们看看 DeepSeek 如何帮助你完成科学实验，让你成为小小科学家。

### 1 让 DeepSeek 推荐科学实验

如果你想做实验，但不知道有哪些简单有趣的科学实验，可以让 DeepSeek 根据你的兴趣推荐适合你的实验。

**示例①** 让 DeepSeek 推荐化学实验。

"请推荐一个简单的化学实验，适合在家里做。"

当然！这里推荐一个简单又安全的化学实验，适合在家里做：

**实验名称**：自制火山喷发（小苏打与醋的反应）

**实验材料**：

小苏打（碳酸氢钠，$NaHCO_3$）

白醋（乙酸，$CH_3COOH$）

洗洁精（可选，增加泡沫效果）

食用色素（可选，增加视觉效果）

……

**总结**：

这个实验简单、安全且有趣，非常适合在家里进行！不仅能让孩子感受到化学的神奇，还能帮助他们理解酸碱反应的基本原理。

希望你喜欢这个实验！如果还有其他问题，欢迎随时问我！

**示例②** 让 DeepSeek 推荐物理实验。

"请推荐一个简单的物理实验。"

当然！这里推荐一个简单又有趣的物理实验，适合在家里做：

实验名称：自制简易电磁铁

实验材料：

一根铁钉（或铁螺栓）

一根绝缘铜线（漆包线）

……

扩展实验：

尝试增加线圈的圈数或使用更大的电池，观察磁性的变化。

用指南针测试电磁铁的南北极。

总结：

这个实验简单易行，既能帮助你理解电磁铁的原理，又能激发对物理的兴趣！

希望你喜欢这个实验！如果还有其他问题，欢迎随时问我！

> **小挑战**：让 DeepSeek 推荐一个你从未做过的安全、简单的实验，并试着在家里动手实验。

### ❷ 让 DeepSeek 解析实验原理

如果你做了一个实验，但不太理解为什么会发生这样的现象，就可以让 DeepSeek 解析科学原理，帮助你更深入理解。

**示例 1** 让 DeepSeek **解释实验原理**。

"我将铅笔插入装满水的塑料袋里，水没有漏出来，这是为什么？"

这是一个非常有趣的现象！水没有漏出来，主要是因为塑料袋的弹性和水的表面张力共同作用的结果。

**示例 2** 让 DeepSeek **解析光的折射实验**。

"为什么勺子放进水里，看起来会弯曲？"

勺子看起来弯曲，是因为光从水进入空气时发生了折射，导致我们看到的勺子位置与实际位置不一致。这是光学中一个非常有趣的现象！

**小挑战：** 让 DeepSeek 解析一个你觉得奇怪的实验现象，看看它的科学解释是什么。

### ③ 让 DeepSeek 预测实验结果

在科学实验中，我们通常需要预测可能的结果，然后通过实验验证自己的猜想。DeepSeek 可以帮助你推测实验可能发生的现象。

**示例①** 让 DeepSeek 预测实验结果。

"如果把一颗生鸡蛋放进盐水里，它是沉下去还是浮起来？"

鸡蛋在盐水中的情况：
盐水的密度可以通过加入盐来调节。随着盐的浓度增加，盐水的密度也会增加。
当盐水的密度大于鸡蛋的密度时，鸡蛋会浮起来。
当盐水的密度小于鸡蛋的密度时，鸡蛋会沉下去。

**示例②** 让 DeepSeek 预测温度对反应的影响。

"如果把苏打水分别放入热水和冷水中，哪个溶解得更快？"

如果把苏打水（碳酸饮料）放入热水和冷水中，热水中的二氧化碳会更快释放，也就是说，苏打水在热水中会溶解得更快。

**小挑战：** 让 DeepSeek 预测一个实验的结果，然后自己实际操作，看看是否符合预测。

### ④ 让 DeepSeek 帮助你分析实验数据

如果你在实验中收集了数据，但不确定如何分析和解释结果，那么可以让 DeepSeek 帮助你整理数据，得出科学结论。

**示例** **让 DeepSeek 解析实验数据。**

"我测量了 3 种液体的沸点：水为 100℃，酒精为 78℃，油为 200℃，这说明什么？"

你测量的三种液体的沸点数据说明了它们的分子间作用力和挥发性的差异。以下是详细的分析：

沸点的意义：

沸点是液体变成气体的温度。沸点越高，说明液体分子间的作用力越强，需要更多的能量才能使其蒸发。

> **小挑战**：让 DeepSeek 帮助你分析一个实验数据，看看它能得出什么结论。

### 4.1.3　科学小故事：了解科学家和他们的发现

同学们，你们有没有想过，那些伟大的科学发现是怎么来的？其实，每一个伟大的发现背后，都有一个或多个充满智慧和勇气的科学家，他们就像冒险家一样，勇敢地探索未知的世界。

通过 DeepSeek，我们可以了解这些科学家的故事，感受他们的智慧和坚持，还能从他们的经历中汲取力量，激发我们对科学的兴趣。今天，就让我们一起走进这些科学家的世界，听听他们的故事吧。

**示例** **有趣的科学小故事：科学家们的冒险之旅。**

"请给我介绍一些科学家的故事。"

牛顿与苹果：发现万有引力

故事背景：很久以前，有一位名叫艾萨克·牛顿的科学家。他是个非常聪明的人，总是喜欢思考各种问题。有一天，牛顿坐在花园里，突然看到一个苹果从树上掉了下来。

故事经过：牛顿看到苹果掉在地上，心里想："为什么苹果会掉下来，而不是飞到天上呢？"这个问题让他非常好奇。于是，他开始思考这个问题。他想，是不是有一种看不见的力量在拉着苹果往下掉呢？经过长时间的思考和研究，牛顿发现，这种力量不仅拉着苹果往下掉，还拉着地球上的所有物体，甚至拉着月亮围绕地球转。他把这种力量叫作"万有引力"。

"有什么科学原理吗？"

万有引力是宇宙中所有物体之间的一种吸引力。它告诉我们，地球会吸引物体，物体也会吸引地球。正是因为这种引力，我们才能稳稳地站在地面上，苹果才会掉下来，月亮也会围绕地球转。

"请帮助我举一个简单的例子。"

想象你手里拿着一个球，当你松开手时，球会掉到地上。这是因为地球的引力在拉着球。牛顿发现，这种引力不仅存在于地球和物体之间，还存在于宇宙中的所有物体之间。

通过使用 DeepSeek，我们能够轻松地了解科学家及其发现，感受到科学的魅力和科学家的伟大。这些科学家的故事和发现不仅丰富了我们的知识，还激励着我们去探索未知、追求真理。让我们继续借助 DeepSeek 的力量，深入了解科学家的世界，学习他们的精神，为未来的科学探索打下坚实的基础。

## 4.2 DeepSeek 帮你做小报和 PPT

无论是在课堂展示、课外活动，还是竞赛中，小报和 PPT 都是展示知识和创意的好工具，但你可能会遇到如下问题：

- 不知道如何组织内容且排版混乱。
- 没有设计经验，小报和 PPT 看起来单调乏味。
- 想让展示更有创意，但不知道如何优化。

别担心，DeepSeek 可以成为你的智能设计助手，帮助你构思内容、优化排版、提升视觉效果，让你的小报和 PPT 更加清晰、美观、富有吸引力！

在这一节，我们看看 DeepSeek 如何帮助你高效制作小报和 PPT，让你的展示更有亮点。

## 4.2.1 小报设计助手：用 DeepSeek 生成创意小报

小报是一种视觉化的学习工具，可以帮助你整理知识，并用生动的方式展示给他人。但在制作小报时，很多同学会遇到下列这些提问：

- 不知道如何选择合适的主题。
- 不知道小报如何布局才能清晰表达信息。
- 小报设计缺乏创意，不够吸引人。

别担心，DeepSeek 可以帮助你确定主题、生成小报内容、提供排版建议，让你轻松制作出结构清晰、内容丰富、设计美观的小报！

**① 让 DeepSeek 帮你选择小报主题**

如果你不知道该制作什么主题的小报，就可以让 DeepSeek 推荐一些适合的主题，或者帮助你细化选题。

**示例1** 让 **DeepSeek 推荐小报主题**。

"请推荐几个适合中小学生的小报主题。"

以下是一些适合中小学生的小报主题：

环保与可持续发展、中华传统文化、科技与创新、健康与安全、文学与艺术、历史与地理、校园生活……

**示例2** 让 **DeepSeek 细化主题**。

"我想制作一张关于'环境保护'的小报，有什么具体的方向？"

制作一张关于"环境保护"的小报可以从多个具体方向入手，以下是一些建议：
1. 垃圾分类与回收
2. 节约用水
……

> **小挑战**：让 DeepSeek 帮你细化一个你感兴趣的主题，并选择一个方向作为你的小报内容。

### ❷ 让 DeepSeek 帮你生成小报内容

确定主题后，你可以让 DeepSeek 帮你整理（生成）小报的核心内容，提炼关键信息，让你的展示更加清晰有条理！

**示例1** 让 DeepSeek 生成小报内容（以"太阳系"为例）。

"请帮我整理一张'太阳系'小报的内容。"

> 以下是一张关于"太阳系"小报的内容整理建议，涵盖主要知识点和设计思路：
> 标题
> 探索太阳系：我们的宇宙家园
> 1. 太阳系简介
> 内容：太阳系是由太阳和围绕它运行的天体组成的系统，包括八大行星、矮行星、小行星、彗星和卫星等。
> ……

**示例2** 让 DeepSeek 生成小报文案（以"人体消化系统"为例）。

"请帮我写一张'人体消化系统'小报的文字介绍。"

> 以下是一张关于"人体消化系统"小报的文字介绍，内容简洁明了，适合中小学生阅读：
> 标题
> 探索人体消化系统：食物的奇妙旅程
> 1. 消化系统简介
> 人体消化系统由消化道和消化腺组成，负责将食物分解成小分子营养物质，供身体吸收和利用。消化系统从口腔开始，经过食道、胃、小肠、大肠，最后到达肛门，完成食物的消化和吸收过程。

……
10. 健康小贴士
细嚼慢咽，减轻胃的负担。
多吃富含纤维的食物，促进肠道健康。
保持充足的水分摄入，帮助消化系统正常运作。

> **小挑战**：让 DeepSeek 帮你整理一个你感兴趣的主题的小报内容，并尝试自己排版。

### ❸ 让 DeepSeek 帮你设计小报布局

如果你不确定小报如何排版，就可以让 DeepSeek 提供布局建议，让你的小报更加清晰美观！

**示例** 让 DeepSeek 设计小报版面（以"世界著名建筑"为例）。

"请提供'世界著名建筑'小报的排版建议。"

以下是一张关于"世界著名建筑"小报的排版建议，帮助你将内容组织得清晰、美观且吸引人：

1. 标题设计
位置：居中，放在小报顶部。
字体：使用大号、醒目的字体，如粗体或艺术字。
装饰：可以在标题周围添加建筑剪影（如埃菲尔铁塔、金字塔等）或世界地图背景。

2. 分区布局
……

> **小挑战**：让 DeepSeek 帮你设计一个适合你的小报主题的布局，并尝试绘制或用计算机制作。

### 4.2.2 PPT制作小帮手：快速制作精美的演示文稿

PPT是课堂展示、演讲比赛、项目汇报等场合的重要工具，但制作一个逻辑清晰、视觉美观、信息精准的PPT并不容易，因为你可能会遇到如下问题：

- 不知道PPT的结构该如何安排。
- 文字太多，内容太杂，不够简洁明了。
- PPT排版单调乏味且不知道如何提升视觉效果。

别担心，DeepSeek可以成为你的AI PPT助手，帮助你优化PPT结构、筛选关键信息、提供设计建议，让你的PPT更加专业、有吸引力！

在本节中，我们看看DeepSeek如何帮助你高效制作PPT，让你的演示更有说服力。

DeepSeek作为前沿AI技术代表，与Kimi智能生成PPT的结合，不仅是一次技术的创新融合，更是对传统办公模式的一次深刻革新。接下来，先使用DeepSeek生成逻辑清晰的文稿内容，再用Kimi将其转化为精美的PPT。

- 应用场景：商务汇报、教学课件、市场推广。
- 使用示例：生成"关于考研近十年的状况分析与研究"的PPT，DeepSeek提供大纲和内容，Kimi完成设计与排版。
- 注意，提示词需要包含标题、目的、使用环境（背景）、字数限制，以及是否参考公开资料。

**示例1** 用 DeepSeek 制作"我的梦想"PPT。

1）打开DeepSeek，输入提示词如下：

"我是五年级的小学生，我要制作一个PPT，标题为'我的梦想'，PPT的汇报对象是我的老师和同学，我需要你生成一份PPT的大纲。"

2）DeepSeek的部分输出结果如下：

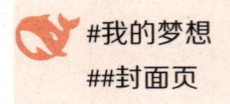

#我的梦想
##封面页

- **标题**:我的梦想
- **姓名**:［你的名字］
- **班级**:五年级 X 班
- **日期**:［汇报日期］
- **图片**:与梦想相关的图片（如宇航员、医生、艺术家等）

……

3）访问 Kimi 官网（https://kimi.moonshot.cn），进行登录，找到"PPT 助手"，如图 4-1~图 4-3 所示。

图 4-1　Kimi 主页面

图 4-2　Kimi 登录页面

4）单击"PPT 助手"，将 DeepSeek 输出结果输入 Kimi 中，如图 4-4 所示。

图 4-3 "Kimi+"页面

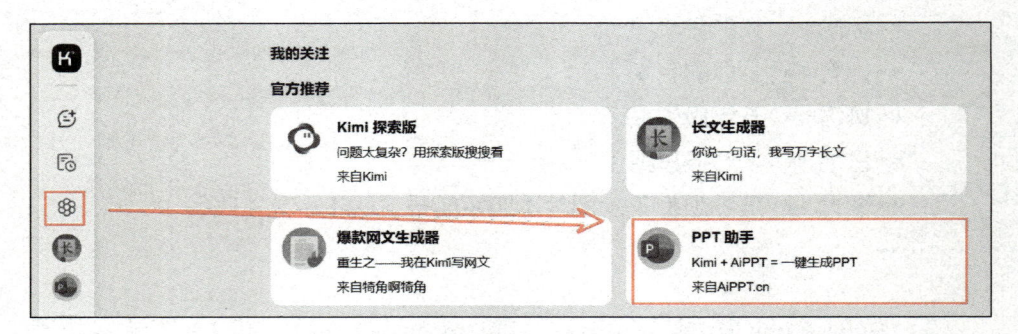

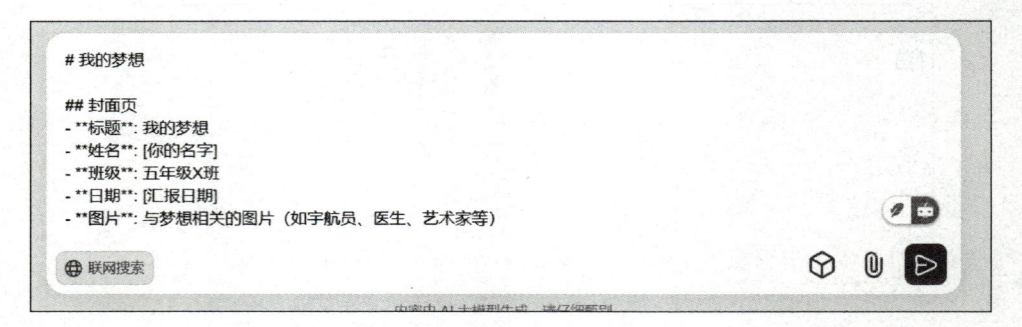

图 4-4 Kimi 搜索框

5) Kimi 的部分输出结果如下：

> 我的梦想
> 1. 自我介绍
> 1.1 我是谁
> 我的基本信息
> 我叫 [你的名字]，今年 11 岁，是五年级 X 班的学生。
> 我喜欢画画、阅读和运动，尤其喜欢看科幻小说。
> 1.2 我的兴趣爱好
> 我的爱好
> 我喜欢画画，因为可以发挥想象力，创造出各种奇妙的画面。
> 我热爱阅读，通过书籍可以了解不同的世界和知识。
> ……

6）Kimi 输出结束后，最下面会有"一键生成 PPT"按钮，单击进入，如图 4-5 所示。

7）在出现的如图 4-6 所示的页面中，选择喜欢或者合适的模板，单击"生成 PPT"按钮将开始生成。

图 4-5　一键生成 PPT

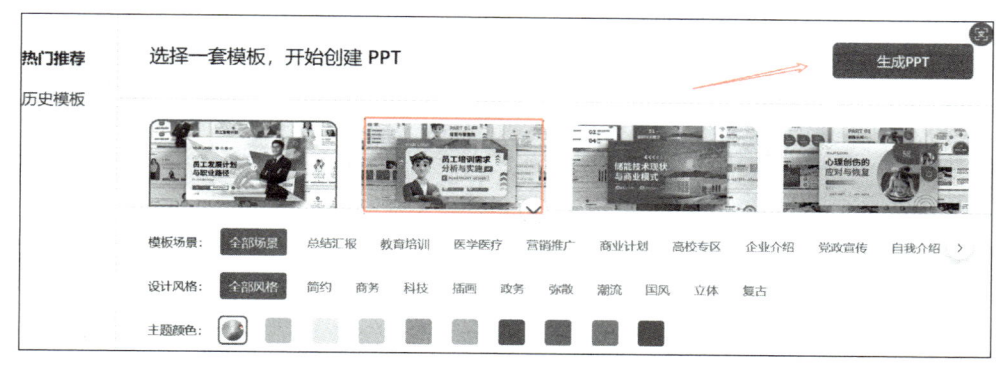

图 4-6　生成 PPT

8）在出现的如图 4-7 所示的页面时，可以选择"去编辑"，在线更改 PPT，还可以直接单击"下载"按钮进行下载，后续再进行更改。

图 4-7　下载 PPT

9）打开下载后的文件，进行 PPT 的更改，如图 4-8 所示。

图 4-8　PPT 界面

**示例 2**　制作标题为"纸杯、积木与创意搭建"的 PPT。

1）打开 DeepSeek，输入提示词如下：

"我要制作一个 PPT，标题为'纸杯、积木与创意搭建'，PPT 的汇报对象是我的老师和同学，我需要你生成一份 PPT 的大纲。"

2）DeepSeek 的部分回答如下：

> 好的！以下是为你准备的 PPT 大纲，标题为"纸杯、积木与创意搭建"，使用 Markdown 格式输出。你可以根据这个大纲来制作你的 PPT。
> #纸杯、积木与创意搭建
> ##封面页
> - **标题**：纸杯、积木与创意搭建
> - **姓名**：［你的名字］
> - **班级**：五年级 X 班
> ……

3）访问 Kimi 官网，进行登录，单击"PPT 助手"，将 DeepSeek 输出结果输入 Kimi 中，如图 4-4 所示。

4）Kimi 的部分输出结果如下：

纸杯、积木与创意搭建
1. 自我介绍
1.1我是谁
个人基本信息
我叫［你的名字］，今年11岁，是五年级 X 班的学生。
我喜欢画画、手工制作和阅读各种有趣的书籍。
1.2我的兴趣爱好
兴趣爱好展示
我特别喜欢用积木搭建各种模型，也爱用纸杯做创意手工。
我觉得这些活动能让我发挥想象力，创造出独一无二的作品。
1.3我的创意梦想
……

5）Kimi 输出结束后，最下面会有"一键生成 PPT"按钮，单击进入，选择喜欢或者合适的模板，单击"生成 PPT"按钮将开始生成。打开下载后的文件，进行 PPT 更改，如图 4-9 所示。

图 4-9 "纸杯、积木与创意搭建"PPT

同学们，PPT 是一种很有趣的学习工具，它不仅能帮你整理知识，还能激发你的创意，让你在制作过程中发挥想象力。DeepSeek＋Kimi 的

"PPT 帮手"就像一根神奇的魔法棒，能帮你快速生成精美的 PPT，让你的 PPT 变得既美观又有创意。

通过 DeepSeek+Kimi，你可以轻松确定主题、添加素材、调整排版，还能学习到很多设计技巧。最重要的是，你可以用 PPT 记录你的学习和生活，分享你的发现和创意。

所以，别再担心怎么做 PPT 了，快用 DeepSeek+Kimi 的"PPT 帮手"来开启你的创意之旅吧。相信你一定能做出一个超"酷"的 PPT，展示你的个性和创意！让我们一起用 PPT 记录生活、分享知识，让学习变得更有趣吧！

### 4.2.3 内容优化建议：让小报和 PPT 更吸引人

无论是小报还是 PPT，内容的呈现方式会直接影响观众的理解和兴趣。如果你的展示信息量过载、版面杂乱、缺乏亮点，则可能会让观众感到困惑，甚至失去兴趣。如何让你的小报和 PPT 更加清晰、生动，以及更有吸引力呢？

DeepSeek 可以成为你的智能优化助手，帮助你调整内容结构、优化语言表达、提升视觉效果，让你的展示更专业、更具吸引力！

在这一节，我们看看 DeepSeek 如何帮助你优化小报和 PPT，让你的作品更出彩！

**❶ 让 DeepSeek 帮你优化小报内容**

小报的内容应该简洁、有条理、易读。如果信息太密集或排版不合理，就会影响阅读体验。DeepSeek 可以帮助你优化小报的文字、结构和视觉设计，让你的内容更有层次感。

**示例 1　让 DeepSeek 精简小报文字。**

"请优化这段关于'地球生态系统'的小报内容，使其更简洁。"
原文：地球生态系统由大气圈、水圈、生物圈和岩石圈组成。生物圈包括所有动植物和微生物，它们通过食物链相互影响，维持生态平衡。人类活动，如污染和森林砍伐，正在破坏生态系统。

优化后：
"地球生态系统包括大气圈、水圈、生物圈和岩石圈。生物圈涵盖所有生物，通过食物链维持平衡。人类活动，如污染和砍伐，正威胁这一平衡。"

**示例②　让 DeepSeek 规划小报布局（以"太阳系"为例）。**

"请优化'太阳系'小报的版面结构。"

优化后的"太阳系"小报版面结构如下：
标题区（顶部居中）
使用醒目的字体和适当字号，标题为"探索太阳系"。
导语区（标题下方，简短概述）
一句话概括太阳系的特点，例如："太阳系是我们生活的家园，由太阳、八大行星及其卫星、矮行星和小天体组成。"
主体内容区（分为左右两栏或上下分区）
……

> **小挑战：** 让 DeepSeek 帮你优化一张小报的内容，使其更加简洁、有条理，并尝试自己制作。

**② 让 DeepSeek 帮你优化 PPT 内容**

PPT 的内容优化不仅包括文字精炼，还包括视觉层次的调整，以便让观众更容易吸收信息。DeepSeek 可以帮你优化内容，使 PPT 更具逻辑性、视觉层次更分明。

**示例①　让 DeepSeek 重新组织 PPT 信息（以"人工智能"为例）。**

"请优化'人工智能的应用'这一页 PPT 的内容。"
原文：人工智能可以用于许多领域，如交通、医疗、教育和家居。自动驾驶技术可以减少交通事故，医疗 AI 可以帮助医生更快诊断疾病，智能家居让生活更方便。

109

优化后的"人工智能的应用"PPT 内容：
标题：人工智能的应用领域
设计建议：
每部分配以相关图标或图片（如汽车、医疗十字、书本、房屋）。
使用简洁的短语和关键词，避免大段文字。
添加动画效果，逐步呈现每个领域的内容。
优化后内容更清晰，重点突出，便于观众快速理解。

**示例2　让 DeepSeek 设计 PPT 视觉层次。**

"请帮我优化 PPT 的视觉效果，使其更清晰。"

优化 PPT 视觉效果，提升清晰度
一、整体风格
简洁统一：使用一致的字体、颜色和布局，避免杂乱。
留白适度：避免信息过载，适当留白，突出重点。
视觉层次：通过字号、颜色和位置区分内容层次，引导观众注意力。
二、文字排版
……

**小挑战**：让 DeepSeek 优化一页 PPT 内容，使其更简洁清晰，并尝试自己调整。

### ❸ 让 DeepSeek 帮你提升小报和 PPT 的吸引力

如果你想让小报和 PPT 更有趣、吸引观众的注意，则可以让 DeepSeek 提供创意点子，帮助你增强互动性、增加趣味元素。

**示例1　让 DeepSeek 提供增强小报吸引力的方法。**

"如何让我的小报更有趣，以便吸引大家的目光？"

要让你的小报更有趣并吸引大家的注意，可以从以下几个方面入手：

1. 设计吸引眼球的标题

使用简短、有趣或引人好奇的标题，例如："你不知道的地球秘密"或"太阳系大冒险"。

字体选择醒目且易读，适当使用颜色和艺术字效果。

2. 图文并茂

插入高质量的图片、插画或图表，增强视觉吸引力。

图片与内容相关，避免过多文字堆砌。

3. 使用趣味小栏目

……

**示例 2** 让 DeepSeek 提供增强 PPT 吸引力的方法。

"如何让我的 PPT 更生动，而且不会让观众感到无聊？"

要让你的 PPT 更生动并避免观众感到无聊，可以从以下几个方面入手：

1. 设计吸引人的开场

使用一个有趣的问题、惊人的事实或简短的故事开场，例如："你知道人工智能可以在10秒内诊断疾病吗？"

开场幻灯片可以配以高质量的图片或短视频，迅速吸引注意力。

2. 简洁明了的内容

每张幻灯片只传达一个核心信息，避免文字过多。

使用关键词、短语或简短的句子，而不是大段文字。

3. 图文并茂

……

> **小挑战**：让 DeepSeek 帮你增加小报或 PPT 的趣味性，并尝试优化你的设计。

## 4.3　DeepSeek 与编程启蒙

你是否对编程感兴趣，但觉得代码太复杂，不知道如何开始？你是否想要开发自己的小游戏或网站，却不知道该学什么？

别担心，编程并不像你想象的那么难。只要掌握一些基础概念，你就能像搭积木一样创建程序，并用代码让计算机执行你的指令。

DeepSeek 可以成为你的编程启蒙导师，帮助你：

- 学习编程基础概念，理解变量、循环、条件判断等核心知识。
- 通过小游戏学习编程逻辑，让学习变得更轻松、有趣。
- 完成简单的编程任务，让你的代码变成现实世界的应用。

在这一节，我们将一起探索 DeepSeek 如何帮助你入门编程，开启你的编程之旅。

### 4.3.1　编程入门：用 DeepSeek 学习简单的编程概念

编程是一种让计算机执行任务的方法。你可以通过编写代码，让计算机按照你的指令完成各种工作，比如计算数学公式、制作小游戏、设计网站，甚至控制机器人。

在学习编程时，我们需要掌握下列一些基本概念。

- 变量：存储数据的"盒子"。
- 数据类型：数字、文本、列表等。
- 条件判断：让程序根据不同情况执行不同的任务。
- 循环：让程序重复执行任务。
- 函数：把一系列代码打包成一个可重复使用的"工具"。

现在，让我们看看 DeepSeek 如何帮助你学习这些核心概念，让编程变得更简单。

**❶ 让 DeepSeek 帮你理解变量**

变量是编程中最基本的概念，就像是一个可以存放数据的盒子。你可以在变量里存储数字、文本、列表、对象等不同类型的数据。

### 示例 1 让 DeepSeek 解释变量。

"什么是变量?"

变量就是程序里用来存放数据的"小盒子"。它有名字,可以放不同的内容,内容还可以随时改变。

### 示例 2 让 DeepSeek 编写一段含有变量的 Python 程序。

"编写一段有关变量的程序。"

```python
# 定义变量
name="Alice"
age=12
score=95.5
# 输出变量
print("姓名:",name)
print("年龄:",age)
print("分数:",score)
```

运行结果如图 4-10 所示。

```
D:\py\Python3\python.exe D:/pythonProject/py1.py
姓名: Alice
年龄: 12
分数: 95.5

进程已结束,退出代码为 0
```

图 4-10　变量输出图

**小挑战:**
让 DeepSeek 帮你创建一个变量,并尝试修改它的值。

### ② 让 DeepSeek 帮你理解数据类型

在编程中，不同的数据有不同的类型，常见的数据类型包括以下几种。

- 整数（int）：10、-5、100 等
- 小数（float）：3.14、2.5 等
- 字符串（str）:" Hello"、" Python" 等
- 布尔值（bool）：True（真）、False（假）。

**示例** 让 DeepSeek 编写一段程序，用以解释数据类型。

"用程序表示数据类型。"

```python
'''python
number=42                      # 整数
pi=3.14                        # 小数
text="Hello!"                  # 字符串
is_student=True                # 布尔值

print(type(number))            # <class 'int'>
print(type(pi))                # <class 'float'>
print(type(text))              # <class 'str'>
print(type(is_student))        # <class 'bool'>
'''
```

运行结果如图 4-11 所示。

```
D:\py\Python3\python.exe D:/pythonProject/py1.py
<class 'int'>
<class 'float'>
<class 'str'>
<class 'bool'>

进程已结束，退出代码为 0
```

图 4-11　数据类型结果

**小挑战**：让 DeepSeek 帮你创建不同数据类型的变量，并运行代码查看类型。

### ③ 让 DeepSeek 帮你理解条件判断

条件判断可以让程序根据不同的情况执行不同的任务，类似于日常生活中的"如果……那么……"逻辑。

**示例** 让 DeepSeek 编写一段程序，用以解释 Python 中的条件判断。

"用程序表示条件判断。"

```python
age=18

if age >= 18:
    print("你可以参加考试")
else:
    print("你还未成年")
```

运行结果如图 4-12 所示。

```
D:\py\Python3\python.exe D:/pythonProject/py1.py
你可以参加考试

进程已结束，退出代码为 0
```

图 4-12　判断结果图

> **小挑战**：让 DeepSeek 帮你编写一个"考试及格判断"程序，即输入分数，程序判断是否及格。

### ④ 让 DeepSeek 帮你理解循环

循环可以让程序重复执行相同的任务，避免编写大量重复代码。常见的循环有 for 循环和 while 循环。

**示例** 让 DeepSeek 编写一段循环程序。

"用程序表示循环。"

115

```python
for i in range(1,6):                    # i 从1到5
    print("第",i,"次执行")
```

结果如图 4-13 所示。

```
D:\py\Python3\python.exe D:/pythonProject/py1.py
第 1 次执行
第 2 次执行
第 3 次执行
第 4 次执行
第 5 次执行

进程已结束，退出代码为 0
```

图 4-13  循环结果图

**小挑战**：让 DeepSeek 帮你写一个循环，从 1 显示到 10，并输出 "Hello, World！"。

### ⑤ 让 DeepSeek 帮你理解函数

函数可以把一系列代码封装成一个可以重复使用的模块，让代码更简洁、更容易理解。

**示例**  让 DeepSeek 编写含有自定义函数的程序段。

"用程序表示自定义函数。"

```python
# 定义一个求和函数
def add_numbers(a,b):
    return a+b


# 调用函数
result=add_numbers(5,10)
print("结果：",result)
```

结果如图 4-14 所示。

```
D:\py\Python3\python.exe D:/pythonProject/py1.py
结果: 15

进程已结束，退出代码为 0
```

图 4-14 计算结果图

> **小挑战：**
> 让 DeepSeek 帮你写一个"计算矩形面积"的函数。

编程的世界充满了无限可能，有了 DeepSeek，你的编程学习将变得更加轻松有趣，快去试试吧！

### 4.3.2 编程小游戏：通过游戏理解编程逻辑

你是否觉得编程枯燥难懂，并且充满复杂的代码和规则？其实，编程就像一个解谜游戏，只要掌握基本的逻辑，就能像搭积木一样写代码，例如：

- 你可以通过编程控制角色移动。
- 你可以制作猜数字游戏。
- 你可以编写一个简单的迷宫程序。

DeepSeek 可以成为你的编程游戏助手，帮助你通过简单的小游戏练习编程逻辑，让学习变得更加有趣！

在这一节，我们将用 DeepSeek 创建几个有趣的编程小游戏，帮助你轻松理解条件判断、循环等重要概念。

**示例 1** 让 DeepSeek 帮你编写"石头、剪刀、布"游戏。

游戏规则：

- 计算机会随机选择"石头""剪刀"和"布"。
- 你需要输入你的选择，与计算机对战。
- 根据规则判断输赢。

"用程序编写'石头、剪刀、布、游戏代码。"

```python
'''python
import random
# 选择列表
choices=["石头","剪刀","布"]
# 计算机随机选择
computer_choice=random.choice(choices)
# 玩家输入选择
player_choice=input("请输入 石头/剪刀/布: ")
# 规则判断
if player_choice == computer_choice:
    print("平局！你们都选择了",player_choice)
elif (player_choice == "石头" and computer_choice == "剪刀") or \
     (player_choice == "剪刀" and computer_choice == "布") or \
     (player_choice == "布" and computer_choice == "石头"):
    print("你赢了！计算机选择了",computer_choice)
else:
    print("你输了！计算机选择了",computer_choice)
'''
```

结果如图 4-15 所示。

```
D:\py\Python3\python.exe D:/pythonProject/py1.py
请输入 石头/剪刀/布: 布
你赢了！计算机选择了 石头

进程已结束，退出代码为 0
```

图 4-15 游戏结果

**小挑战**：让 DeepSeek 帮你修改代码，添加"记分"功能，让游戏程序能统计输赢次数。

**示例 2** 让 DeepSeek 帮你创建"数学快答"游戏。

游戏规则：
- 计算机会出 5 道数学题。
- 你需要在规定时间内回答。
- 答对得 1 分，答错不得分。

"用程序编写'数学快答'游戏。"

```python
import random
score=0
for i in range(5):
    num1=random.randint(1,10)
    num2=random.randint(1,10)
    operator=random.choice(["+","-","*"])
    question=f"{num1} {operator} {num2}"
    answer=eval(question)              # 计算正确答案
    user_answer=int(input(f"第 {i+1} 题: {question}="))
    if user_answer == answer:
        print("✓正确！")
        score += 1
    else:
        print(f"✗错误，正确答案是 {answer}")
print(f"游戏结束！你的得分是 {score}/5")
```

上述程序执行结果如图 4-16 所示。

> **小挑战**：让 DeepSeek 帮你修改代码，添加计时功能，超时会自动跳过。

编程不仅是写代码，更是创建有趣游戏的过程。有了 DeepSeek，学习编程将变得更加轻松有趣，快去试试吧！

119

```
D:\py\Python3\python.exe D:/pythonProject/py1.py
第 1 题: 9 + 5 = 14
✓正确！
第 2 题: 8 - 5 = 3
✓正确！
第 3 题: 10 - 4 = 6
✓正确！
第 4 题: 9 + 3 = 12
✓正确！
第 5 题: 1 - 10 = -9
✓正确！
游戏结束！你的得分是 5/5

进程已结束，退出代码为 0
```

图 4-16　计算结果

### 4.3.3　编程小项目：用 DeepSeek 完成一个简单的编程任务

现在，你已经学会了变量、循环、条件判断、函数等基础知识，并且尝试了几个有趣的编程小游戏。下面，是时候挑战一个完整的编程小项目了。

DeepSeek 可以帮助你拆解编程任务、提供代码示例，并优化你的代码，让你真正体会编程的乐趣！

在这一节，我们将通过一个完整的编程项目，学习如何规划、编写、优化代码，并完成自己的第一个编程作品。在开始之前，我们可以选择一个简单但有趣的编程项目，例如：

- 简易计算器——可以进行加减乘除运算。
- 待办事项管理器——可以添加、删除、查看待办事项。
- AI 简易聊天机器人——可以回答简单的问题。

> **小挑战**：让 DeepSeek 帮你选择一个适合你的编程小项目，并制订功能清单。

**示例 1**　**用 DeepSeek 编写一个简易计算器。**

功能需求：

- 用户输入两个数字和一个运算符（+、-、*和/）。
- 计算结果并输出。
- 允许用户多次计算，直到选择退出为止。

"编写一个"简易计算器"程序代码。"

```python
def add(x,y):
    return x+y
def subtract(x,y):
    return x-y
def multiply(x,y):
    return x *y
def divide(x,y):
    if y == 0:
        return "错误：除数不能为零"
    return x / y
```
……

运行结果如下：

选择运算：

1. 加法

2. 减法

3. 乘法

4. 除法

输入你的选择（1/2/3/4）：1

输入第一个数字：10

输入第二个数字：5

10.0+5.0=15.0

**小挑战：**

让 DeepSeek 帮你改进计算器，如支持乘方和开平方计算。

### 示例 2  用 DeepSeek 编写一个 "待办事项管理器"。

功能需求：

- 用户可以查看当前所有待办事项。
- 用户可以添加待办事项。
- 用户可以删除已完成的任务。

"编写一个"待办事项管理器"程序代码。"

```python
'''python
class TodoList:
    def __init__(self):
        self.tasks = []
    def add_task(self,task):
        self.tasks.append({"task": task, "completed": False})
        print(f"任务'{task}'已添加。")
    def view_tasks(self):
……
```

运行后的部分结果如下:
待办事项管理器
1. 查看任务
2. 添加任务
3. 标记任务为完成
4. 删除任务
5. 退出
请选择操作（1/2/3/4/5）: 2
请输入任务内容: 买菜
任务'买菜'已添加。
……

**小挑战：** 让 DeepSeek 帮你优化代码，支持保存任务到文件中，确保下次打开还能继续使用。

**示例3** 用 DeepSeek 编写一个 "AI 简易聊天机器人"。

功能需求:
- 用户输入问题，AI 给出回应。
- 可以识别一些常见的问候语或问题，如"你好""今天天气怎么样"等。
- 如果问候语或问题不在数据库中，则 AI 会随机回应。

"编写一个"AI简易聊天机器人"程序代码。"

```python
import random
# 定义一些简单的规则和回复
responses = {
    "你好": ["你好！","嗨！","你好呀~"],
    "你叫什么名字": ["我是一个聊天机器人。","你可以叫我小助手。","我没有名字，但你可以给我起一个！"],
    "今天天气怎么样": ["我不知道，你可以查一下天气预报。","天气应该不错吧！","我希望是晴天。"],
……
```

运行结果如下：

你好！我是你的聊天机器人。输入'再见'可以结束对话。

你：你好

机器人：你好呀~

你：你叫什么名字

机器人：你可以叫我小助手。

你：今天天气怎么样

机器人：我希望是晴天。

你：再见

机器人：拜拜！

你已经完成了一个编程小项目！

现在，你可以让DeepSeek帮你优化代码，让程序变得更强大！

- 挑战1：为"简易计算器"增加历史记录功能。
- 挑战2：让"待办事项管理器"支持任务优先级（高、中、低）。
- 挑战3：让"AI简易聊天机器人"可以学习新问题和答案。

让DeepSeek帮你实现这些进阶功能，以提升你的编程能力。

> **小挑战**：选择一个编程项目，自己写代码，并用DeepSeek进行优化。

# 第5章 DeepSeek开启智能生活——让生活更便捷

随着 AI 技术的不断发展，AI 应用已经融入我们的日常生活中，为我们带来了更加便捷、高效和有趣的生活体验。DeepSeek 不仅是一个学习工具，还能帮助我们管理家庭事务、优化健康生活、提升心理状态，甚至激发创意灵感！

- 家庭生活：作业辅导、娱乐推荐。
- 健康管理：饮食建议、运动计划、睡眠优化。
- 心理健康：AI 倾诉、情绪日记、心理测试。
- 创意艺术：绘画、音乐创作、写作、视频创作。

在这一章，我们将探索 DeepSeek 如何成为你的 AI 生活助手，让你的日常生活变得更加智能、高效、健康、有趣！

## 5.1　DeepSeek 与家庭生活

在这一节，我们将探索 DeepSeek 如何成为你的 AI 生活助手，让你的家庭生活变得更加智能、高效、健康、有趣！

### 5.1.1　家庭作业小帮手：快速解决作业难题

每天放学后，作业可能是你最头疼的事情之一。你可能会遇到以下问题：

- 题目太难，不知道如何解答。

- 作业太多，时间不够用。
- 需要整理笔记，但不知从何下手。

DeepSeek 可以成为你的 AI 学习助手，帮助你解析题目、提供解题思路、优化学习效率，让你的作业不再成为令你头疼的难题！

在本节中，我们将看看 DeepSeek 如何帮助你高效完成作业，提高学习效率。

### ❶ 让 DeepSeek 帮你解析题目

如果你遇到不会做的题目，则可以让 DeepSeek 拆解题目、找出关键信息，并提供解题思路。

**示例 1　让 DeepSeek 解析数学题。**

"一个水池有 400 升水，每分钟排出 20 升，多少分钟后可以排空水池？"这道题怎么解？

这道题可以通过简单的数学计算来解决。以下是解题步骤：

计算时间：

时间＝总水量÷排水速度

时间＝400升÷20升/分钟

计算结果：

时间＝20分钟

答案：

水池将在20分钟后排空。

**示例 2　让 DeepSeek 解析英语阅读题。**

"DeepSeek，这篇英语文章的主要意思是什么？"

文章摘要

主题：介绍亚马孙雨林的重要性

主要观点：雨林提供氧气，影响全球气候，栖息着丰富的生物种群

关键词：oxygen（氧气）、climate（气候）、biodiversity（生物多样性）

> **小挑战：**
> 让 DeepSeek 帮你解析一道你不会做的题，并尝试自己解答。

### ❷ 让 DeepSeek 帮你提供解题思路

如果你理解了题目，但不知道如何下手，则可以让 DeepSeek 提供解题步骤，引导你一步步推理。

**示例①　让 DeepSeek 提供数学解题思路。**

"DeepSeek，如何解二元一次方程组？"

> 代入法：解出一个变量，代入另一个方程。
> 消元法：通过加减消去一个变量。
> 图像法：画图找交点。
> ……

**示例②　让 DeepSeek 提供作文写作思路。**

"DeepSeek，帮我写一篇关于'我的梦想'的作文提纲。"

> 当然可以！以下是一篇关于"我的梦想"的作文提纲，供你参考：
> 标题：我的梦想
> 一、引言
> 开篇点题：
> 用一句话引出梦想的重要性，例如："每个人都有自己的梦想，它像一盏明灯，指引我们前进的方向。"
> 简要提及自己的梦想是什么。
> 二、梦想的来源
> 梦想的萌芽：
> ……

**小挑战：**
让 DeepSeek 帮你提供一道题的解题思路，并自己尝试解答。

### ③ 让 DeepSeek 帮你检查答案

如果你完成了一道题目，但不确定答案是否正确，可以让 DeepSeek 帮你检查答案，并解释错误之处。

**示例 1** 让 DeepSeek 检查数学答案。

"我解了一道方程题，答案是 $x=5$，$y=-2$，能帮我检查吗？"
方程组：
$(x+2y=1 \backslash)$
$(3x-y=17 \backslash)$

检查过程：
代入 $x=5$，$y=-2$ 进行验证：
$(5+2(-2)=5-4=1 \backslash)$ ✅
$(3(5)-(-2)=15+2=17 \backslash)$ ✅
你的答案是正确的！

**示例 2** 让 DeepSeek 检查英语翻译。

"请检查这句翻译对不对：'我每天都去学校。' → 'I go to the school every day.'"

错误："the school"只能指特定的一所学校，而这里应该泛指"上学"。
正确表达："I go to school every day."

**小挑战：**
让 DeepSeek 帮你检查数学或英语作业，看看它的反馈如何。

**④ 让 DeepSeek 帮你整理学习笔记**

DeepSeek 还能帮你整理知识点,制作学习笔记,让你更容易复习和记忆!

**示例** 让 DeepSeek 生成学习笔记(以物理学中的"牛顿定律"为例)。

"请帮我整理牛顿三大定律的学习笔记。"

**总结对比**

| 定律 | 核心内容 | 公式 | 例子 |
| --- | --- | --- | --- |
| 第一定律 | 物体保持静止或匀速直线运动,除非外力改变其状态 | 无 | 刹车时乘客前倾 |
| 第二定律 | 加速度与合外力成正比,与质量成反比 | $F=ma$ | 推车时质量越大,加速度越小 |
| 第三定律 | 作用力与反作用力大小相等、方向相反,作用在同一直线上 | 无 | 走路时脚蹬地,地面反推人前进 |

**小挑战**:让 DeepSeek 帮你将某个学科的笔记整理成表格或思维导图格式,并尝试自己绘制。

## 5.1.2 家庭娱乐小助手:推荐有趣的电影和游戏

一天的学习和工作后,家庭娱乐是放松身心、增进亲子关系的重要方式。你可能会遇到以下这些问题:

- 不知道该看什么电影,或者全家人难以达成一致。
- 想找好玩的家庭游戏,但由于选择太多而不知如何挑选。
- 想听音乐、读书或看综艺,但不知道有哪些好的推荐。

别担心,DeepSeek 可以成为你的 AI 娱乐顾问,根据你的兴趣和家庭成员的喜好,智能推荐电影、游戏、音乐和阅读内容,让每一天都充满乐趣！

在本节中，我们将看看 DeepSeek 如何帮助你找到适合全家人的娱乐方式，让家庭时光更加欢乐！

**❶ 让 DeepSeek 帮你推荐家庭电影**

对于想看电影但不知道选哪一部这个问题，DeepSeek 可以根据你的喜好、年龄段等，或者家庭成员的情况，推荐适合你或全家人观看的电影，让你轻松找到符合你或全家人口味的佳片。

**示例 1　让 DeepSeek 推荐合适的家庭电影。**

"DeepSeek，推荐几部适合全家人一起看的电影。"

　　当然可以！以下是几部适合全家人一起观看的电影推荐，涵盖动画、冒险和温馨题材，适合不同年龄段的观众：

1. 动画电影

《寻梦环游记》（Coco）

《疯狂动物城》（Zootopia）

《冰雪奇缘》（Frozen）

类型：动画/奇幻/音乐

2. 奇幻冒险

……

**示例 2　让 DeepSeek 根据心情推荐电影。**

"我今天想看一部轻松搞笑的电影，推荐几部吧。"

　　当然可以！以下是几部轻松搞笑的电影推荐，适合放松心情、开怀大笑：

1.《疯狂原始人》（The Croods）

……

10.《游戏之夜》(Game Night)

类型：喜剧/悬疑

推荐理由：一场游戏之夜变成真实冒险，笑料与反转并存，适合喜欢轻松悬疑的观众。

小贴士：

如果想放松心情，可以选择动画或轻松喜剧。

如果喜欢动作与幽默结合，可以试试《王牌保镖》或《女间谍》。

希望这些推荐能让你度过一段愉快的电影时光！

**小挑战**：让 DeepSeek 根据你喜欢的电影风格，推荐一部适合全家人观看的影片。

### ② 让 DeepSeek 帮你选择适合全家人的游戏

除了看电影以外，家庭游戏也是非常棒的互动娱乐方式！无论是桌游、派对游戏，还是多人在线游戏，DeepSeek 都可以帮助你找到适合家庭成员一起玩的游戏。

**示例①  让 DeepSeek 推荐家庭桌游。**

"有什么适合全家人一起玩的桌游？"

当然可以！以下是几款适合全家人一起玩的桌游推荐，涵盖不同年龄层和兴趣，保证大家都能乐在其中：

1. 经典家庭桌游

《卡坦岛》(Catan)

适合年龄：10岁以上

......

6. 策略与角色扮演类桌游

《璀璨宝石》(Splendor)

适合年龄：10岁以上

**示例 2　让 DeepSeek 推荐多人合作电子游戏。**

"有哪些适合多人一起玩的电子游戏？"

当然可以！以下是几款适合多人一起玩的电子游戏推荐，涵盖合作、竞技和派对游戏，适合不同平台和兴趣：
1. 合作类游戏
《胡闹厨房》（Overcooked！）
平台：PC、PS、Xbox、Switch
推荐理由：玩家需要合作完成厨房任务，考验团队协作和沟通，适合全家或朋友一起欢乐挑战。
……

> **小挑战**：让 DeepSeek 帮你推荐一款适合全家人一起玩的游戏，并尝试玩一局。

### 3　让 DeepSeek 帮你推荐音乐、书籍和综艺节目

除了电影和游戏以外，DeepSeek 还可以帮助你发现新的音乐、书籍和综艺节目，让家庭娱乐方式更加丰富！

**示例 1　让 DeepSeek 推荐适合放松的音乐。**

"DeepSeek，推荐一些适合家庭氛围的轻松音乐。"

当然可以！以下是几类适合家庭氛围的轻松音乐推荐，涵盖经典、流行和自然音乐，适合不同场合和心情：
1. 经典轻音乐
《卡农》（Canon in D）
作曲家：约翰·帕赫贝尔
……

7. 儿童音乐
Baby Shark

推荐理由：节奏轻快，歌词简单，适合有小朋友的家庭一起唱跳。
Twinkle Twinkle Little Star
推荐理由：经典的儿歌，旋律简单，适合全家一起哼唱。

### 示例2 让 DeepSeek 推荐适合孩子阅读的书籍。

"DeepSeek，有哪些适合孩子阅读的书籍？"

当然可以！以下是几类适合孩子阅读的书籍推荐，涵盖不同年龄段和兴趣，帮助孩子培养阅读习惯和想象力：
1. 绘本类（适合3~6岁）
《好饿的毛毛虫》(The Very Hungry Caterpillar)
作者：艾瑞·卡尔
……
《鲁滨逊漂流记》(The Adventures of Robinson Crusoe)
作者：丹尼尔·笛福
推荐理由：经典的冒险小说，适合培养孩子的独立精神和解决问题的能力。

### 示例3 让 DeepSeek 推荐适合家庭观看的综艺节目。

"DeepSeek，有什么适合全家人一起看的综艺节目吗？"

当然可以！以下是几档适合全家一起观看的综艺节目推荐，涵盖轻松娱乐、知识科普和亲子互动，适合不同年龄段的家庭成员：
1. 轻松娱乐类
《王牌对王牌》
类型：搞笑/竞技
推荐理由：明星团队进行游戏和才艺比拼，笑点密集，适合全家一起放松。
……

《经典咏流传》

类型：文化/音乐

推荐理由：将经典诗词与现代音乐结合，旋律优美，适合全家一起感受传统文化的魅力。

> **小挑战**：
> 让 DeepSeek 推荐一本你没读过的书，并尝试阅读前几章。

## 5.2 DeepSeek 与健康生活

现代生活节奏快，很多人忽视了健康的重要性。不规律的作息、缺乏运动、不合理的饮食，都会影响我们的身体状态。你可能会遇到以下问题：

- 不知道如何保持健康的生活习惯。
- 想运动但不知道从何开始。
- 睡眠质量差，白天总是很疲惫。
- 不知道吃什么才更健康。

DeepSeek 不仅能帮你管理学习和家庭生活，还可以成为你的"健康管家"，帮助你改善生活方式，提高身体素质。

在这一节，我们将看看 DeepSeek 如何帮助你养成健康习惯，让你的生活更健康、更有活力！

### 5.2.1 健康小贴士：教你如何保持健康

健康不仅仅是不生病，更是拥有充沛的精力、良好的心态和强健的体魄。要想保持健康，我们需要合理饮食、规律作息、适量运动、管理压力。

DeepSeek 可以为你提供科学的健康建议，帮助你养成良好的生活习惯，让你每天都充满活力！

**❶ 让 DeepSeek 帮你制订健康作息计划**

良好的作息是健康的第一步，DeepSeek 可以帮助你优化每日作息，让你的身体保持最佳状态。

**示例1** 让 DeepSeek 帮你调整作息。

"DeepSeek，我最近经常熬夜，白天很困，该怎么办？"

> 熬夜对身体和生活的负面影响很大，长期熬夜会导致疲劳、注意力下降、免疫力降低等问题。以下是一些建议，帮助你调整作息，恢复精力：
> 1. 调整作息时间
> 设定固定的睡眠时间：每天尽量在同一时间上床睡觉（起床），帮助身体形成生物钟。
> 逐步调整：如果习惯晚睡，可以每天提前15~30分钟上床，逐步调整到理想的睡眠时间（如晚上10:30—11:00）。
> 2. 改善睡眠环境
> ……

**示例2** 让 DeepSeek 帮你调整晨间习惯。

"DeepSeek，我想让早晨更有活力，有什么好习惯推荐？"

> 让早晨更有活力是开启一天的关键！以下是一些好习惯推荐，帮助你充满能量地迎接每一天：
> 1. 早起并设定目标
> 固定起床时间：每天在同一时间起床，帮助身体形成生物钟。
> 设定早晨目标：列出1~3件你想在早晨完成的事情（如运动、阅读、冥想），让早晨更有方向感。
> 2. 喝一杯温水
> ……

**小挑战：**
让 DeepSeek 帮你制订一个"健康作息计划"，并坚持执行一周。

### ❷ 让 DeepSeek 帮你改善久坐习惯

长时间坐着学习或工作，会影响血液循环、肌肉健康和脊椎健康。DeepSeek 可以帮你制订科学的"久坐防护计划"，提醒你适时站起来活动，保持身体健康。

**示例　让 DeepSeek 帮你优化坐姿。**

"DeepSeek，我长时间坐着学习，感觉脖子和腰部都不舒服，有什么办法缓解？"

长时间坐着学习确实容易导致脖子和腰部不适，以下是一些建议，帮助你缓解不适并改善姿势：

1. 调整坐姿

保持正确姿势：坐直，双脚平放在地面，膝盖与臀部呈90度角，背部紧贴椅背。

使用腰垫：在腰部放置一个小靠垫，帮助支撑腰椎，减轻腰部压力。

2. 定时活动

……

> **小挑战**：让 DeepSeek 帮你设定"久坐提醒"，坚持执行一周，并观察是否有改善。

### ❸ 让 DeepSeek 帮你管理压力，保持好心情

压力过大会影响身体健康，DeepSeek 可以帮助你学会管理压力、调整情绪，让你的心理状态更稳定。

**示例　让 DeepSeek 提供缓解压力的方法。**

"DeepSeek，我最近学习压力很大，如何放松？"

学习压力大是很常见的情况，但适当的放松对提高效率和保持身心健康非常重要。以下是一些放松的建议，希望能帮到你：

1. 深呼吸与冥想

深呼吸练习：每天花5分钟做深呼吸练习，吸气4秒，屏住4秒，呼气6秒，帮助缓解紧张情绪。

冥想：使用冥想App（如 Headspace、Calm）或简单的正念练习，专注于当下，放松身心。

2. 运动与伸展

……

> **小挑战：** 让 DeepSeek 帮你制订一个减压计划，尝试用不同的方法找到最适合你的减压方式。

## 5.2.2 运动计划助手：制订适合你的运动计划

在长时间坐着学习后，会出现身体酸痛、眼睛疲劳和精神不集中的状况。其实，运动不仅能让你的身体更健康、更有活力，还可以提高学习效率。

但是，很多小朋友在运动时可能会遇到下列这些问题：

- 不知道该做哪些运动。
- 运动一两天后就不想继续了。
- 运动姿势不对容易导致受伤。

别担心，DeepSeek 可以成为你的 AI 健身教练，帮你制订适合的运动计划，让运动变得更有趣，更容易坚持。

**❶ 让 DeepSeek 帮你选择最适合的运动**

不同的人适合不同的运动方式，DeepSeek 可以根据你的年龄、体重和体能状况，帮你选择最适合的运动。

**示例①** 让 DeepSeek **帮你制订增强体能计划。**

"DeepSeek，我想让自己更强壮，该怎么锻炼？"

想要变得更强壮，需要通过科学的锻炼和合理的饮食来实现。以下是一个全面的锻炼计划，帮助你增强肌肉力量、提高体能：

1. 制定目标

明确目标：是增加肌肉、提高力量，还是增强耐力？明确目标有助于制订合适的计划。

设定时间表：每周锻炼3~5次，每次45~60分钟，逐步增加强度。

2. 力量训练

……

**示例 2　让 DeepSeek 帮你制订成长运动计划。**

"DeepSeek，我想长得更高，应该做什么运动？"

身高主要受遗传因素影响，但在生长发育期（尤其是青春期），通过合理的运动、饮食和生活习惯，可以最大限度地发挥生长潜力。以下是一些有助于促进身高增长的运动和建议：

1. 有助于增高的运动

跳跃类运动

跳绳：每天跳绳10~15分钟，刺激腿部骨骼生长。

篮球：跳跃和投篮动作有助于拉伸脊柱和腿部骨骼。

排球：跳跃和伸展动作有助于促进生长。

拉伸类运动

……

> **小挑战**：让 DeepSeek 帮你制订一个专属运动计划，并坚持一周。

### ❷ 让 DeepSeek 帮你运动不受伤

在运动时，如果姿势不对，就容易受伤，DeepSeek 可以帮你纠正错误姿势，让你在运动时更安全。

**示例 1** 让 DeepSeek 指导正确的跑步姿势。

"DeepSeek，我跑步时总是感觉腿很累，是不是哪里不对？"

跑步时感觉腿很累可能是由多种原因引起的，以下是一些常见原因和解决方法，帮助你改善跑步体验：

1. 跑步姿势问题

原因：不正确的跑步姿势会增加腿部负担，导致疲劳。

解决方法：

保持身体直立，避免前倾或后仰。

落地时用中脚掌着地，而不是脚跟或脚尖。

步幅适中，避免过大或过小。

2. 热身不足

……

**示例 2** 让 DeepSeek 帮你纠正跳绳动作。

"DeepSeek，我跳绳总是容易摔倒，怎么办？"

跳绳时容易摔倒可能是因为技巧、姿势或设备问题。以下是一些改进建议，帮助你更稳定地跳绳：

1. 检查跳绳长度

原因：跳绳过长或过短都会影响平衡和节奏。

解决方法：

双脚踩住跳绳中间，双手拉直手柄，手柄顶端应到达腋下位置。

如果跳绳过长，可以剪短或调整长度。

2. 保持正确姿势

……

**小挑战：**

让 DeepSeek 帮你纠正一个运动姿势，并练习改进。

### ③ 让 DeepSeek 帮你设计运动挑战

如果你觉得运动有点枯燥，可以让 DeepSeek 帮你设计有趣的运动挑战，让运动变得更好玩。

**示例1** 让 DeepSeek 设定"30 天运动挑战"。

"DeepSeek，我想挑战 30 天运动计划！"

30天运动挑战
第1~10天：每天快走5000步
第11~20天：加入深蹲、跳绳
第21~30天：每天跑步15~20分钟

**示例2** 让 DeepSeek 设定"家庭运动挑战"。

"DeepSeek，有没有适合全家人的运动挑战？"

周末一起晨跑或骑自行车
每天晚上跳绳5分钟
家庭运动游戏（如 Just Dance、亲子瑜伽）

---

小挑战：

让 DeepSeek 帮你设计一个运动挑战，看看自己能坚持多久。

---

## 5.2.3 睡眠管理：优化你的睡眠质量

你可能会遇到下列这些问题：

- 早上起床特别困难，总是想多睡一会儿。
- 白天学习时容易犯困，记不住东西。
- 晚上入睡困难，翻来覆去好久才会入睡。

其实，睡眠对身体和大脑的健康都非常重要！良好的睡眠可以帮助我们提高记忆力、增强免疫力，每天都精神饱满。

DeepSeek 可以成为你的 AI 睡眠小助手，帮你优化作息时间、提供助眠建议，让你每天都能睡个好觉。

**① 让 DeepSeek 帮你设定最佳睡眠时间**

不同年龄的人需要的睡眠时间不同，DeepSeek 可以根据你的年龄和生活习惯，帮你计算最佳的睡眠时间。

**示例①** 让 DeepSeek **计算你的最佳几睡时间**。

"DeepSeek，我早上 7 点要起床，应该几点睡？"

> 6~12岁儿童：每天睡9~12小时→晚上8~9点入睡
> 13~18岁青少年：每天睡8~10小时→晚上9~10点入睡
> 如果想早上7点起床，建议晚上9:30—10:30之间上床睡觉！

**示例②** 让 DeepSeek **帮你调整作息**。

"DeepSeek，我晚上总是很晚睡，该怎么调整作息？"

> 每天固定时间上床，比如晚上10点，形成习惯
> 睡前1小时不玩手机或计算机，减少蓝光刺激
> 睡前泡脚或听轻音乐，让身体放松
> 白天适量运动，但不要睡前剧烈运动

> **小挑战**：让 DeepSeek 帮你制订一个健康作息表，并坚持一周，然后看看效果。

**② 让 DeepSeek 帮你快速入睡**

如果你晚上总是翻来覆去睡不着，DeepSeek 可以帮你找到简单有效的助眠方法。

**示例①** 让 DeepSeek **推荐助眠方法**。

"DeepSeek，我总是躺在床上很久才睡着，有什么办法吗？"

尝试4-7-8呼吸法（4秒吸气，7秒屏住，8秒缓慢呼气）
听舒缓的音乐或白噪音（雨声、海浪声、轻音乐）
关灯睡觉，减少光线刺激
避免睡前玩电子产品，减少对大脑的刺激

**示例 2** **让 DeepSeek 推荐睡前习惯。**

"DeepSeek，有哪些好习惯可以帮助我睡得更好？"

洗个温水澡或泡脚，放松身体
写下当天的好事，保持好心情
喝一杯温牛奶或蜂蜜水，帮助入睡
固定时间上床，形成规律

> **小挑战**：让 DeepSeek 帮你选择一个助眠方法，并坚持一周，然后看看睡眠有没有改善。

### ❸ 让 DeepSeek 帮你提高睡眠质量

有时候，即使你睡了很久，第二天还是觉得没精神，这可能是因为你的睡眠质量不好，DeepSeek 可以帮你找到提高睡眠质量的方法。

**示例 1** **让 DeepSeek 帮你检测睡眠问题。**

"DeepSeek，我晚上经常做梦，第二天早上醒来觉得很累，怎么办？"

不要熬夜，尽量在10点前入睡
调整睡眠环境，确保安静、黑暗、温度适宜
减少咖啡因、碳酸饮料的摄入（下午后避免喝奶茶、可乐）
定时作息，假期也不要睡得太晚

**示例 2** **让 DeepSeek 推荐睡前放松方法。**

"DeepSeek，怎么让自己睡得更沉？"

> 尝试睡前冥想或放松练习
> 保持卧室温度范围为20~24℃，不冷不热
> 使用柔软的枕头和舒适的床垫
> 听舒缓的音乐或大自然声音

> **小挑战：**
> 让 DeepSeek 帮你优化睡眠环境，看看效果如何。

## 5.3 DeepSeek 与心理健康

有时候，我们会遇到让自己烦恼、紧张、伤心的事情，比如：
- 考前压力大，担心考不好。
- 和朋友闹矛盾，觉得很难过。
- 心情低落，不知道怎么调整。

其实，每个人都会有情绪起伏，学会管理情绪，让自己保持好心情非常重要！

DeepSeek 不仅能帮你学习知识，还可以成为你的"心理小伙伴"，帮助你：
- 倾诉烦恼，释放压力。
- 记录心情，了解自己的情绪变化。
- 进行心理小测试，以便更了解自己。

在本节中，我们看看 DeepSeek 如何帮助你管理情绪。学会调整心态，让生活更轻松快乐！

### 5.3.1 倾诉小助手：DeepSeek 如何成为你的"好朋友"

当你有烦恼的时候，是不是有时候不想和别人说，或者不知道该怎么表达？DeepSeek 可以成为你的"AI 倾诉小助手"，耐心听你说话，帮你释放压力。

**❶ 让 DeepSeek 陪你聊天，帮你释放压力**

有时候，把烦恼说出来，心情就会好很多。DeepSeek 可以像朋友一

样，倾听你的心事，陪你聊天。

**示例 1** 让 DeepSeek 倾听你的烦恼。

"DeepSeek，我最近考试压力好大，怎么办？"

深呼吸，告诉自己："我可以做到！"
分阶段复习，每次学习一小部分，别给自己太大压力。
适当运动，比如散步或跳绳，可以缓解焦虑。
考前早点休息，保持好睡眠，精神更充沛！

**示例 2** 让 DeepSeek 帮你安慰心情。

"DeepSeek，我今天跟好朋友吵架了，心里很难过。"

每个人都会有小矛盾，别太自责！
想一想，你们吵架的原因，找合适的时间聊聊。
如果是误会，勇敢地道歉，朋友会理解你的！
写一个小纸条或发个暖心的信息，表达你的想法。

> **小挑战：**
> 让 DeepSeek 帮你消除一个烦恼，看看它的建议是否有用。

**② 让 DeepSeek 帮你调整心态，让你变得更乐观**

有时候，我们可能会因为小事情变得焦虑、失落，DeepSeek 可以教你一些简单的方法，让你快速调整心情。

**示例 1** 让 DeepSeek 帮你变得更自信。

"DeepSeek，我总是觉得自己不够好，怎么办？"

每天对自己说一句鼓励的话，比如"我很棒！"
列出自己擅长的事情，发现自己的闪光点！

勇敢尝试新事物，挑战自己，让自己更有信心！
不要和别人比较，每个人都有自己的独特之处！

**示例 2** 让 DeepSeek 教你快速开心的方法。

"DeepSeek，我今天有点难过，怎么让自己开心起来？"

听一段快乐的音乐，跳一支舞！
找一个喜欢的食物，犒劳自己！
去公园散步，看一看美丽的风景！
画一幅画、写一篇小日记，记录今天的心情！

**小挑战**：让 DeepSeek 给你推荐一个让你变开心的方法，并试试看。

### ❸ 让 DeepSeek 帮你面对挑战，学会成长

生活中，我们总会遇到挑战和困难，DeepSeek 可以帮助你调整心态，让你更勇敢地面对一切！

**示例 1** 让 DeepSeek 教你面对失败的方法。

"DeepSeek，我这次考试没考好，好难过。"

分析错题，看看哪里需要改进，下次就能做得更好！
问问自己："我可以从这次失败中学到什么？"
告诉自己："这只是一次考试，我还有很多机会进步！"

**示例 2** 让 DeepSeek 教你如何勇敢表达自己。

"DeepSeek，我有时候不敢在课堂上举手发言，怎么办？"

从小目标开始，比如在小组讨论中先试着发言！

练习深呼吸，让自己冷静下来，再勇敢举手！

告诉自己："就算说错了也没关系，老师和同学都会理解！"

多练习表达，你会变得更自信！

小挑战：

让 DeepSeek 帮你找到一个让你更勇敢的方法，并去试试。

### 5.3.2 DeepSeek 的"情绪日记"：记录你的心情

我们的心情每天都可能会发生变化，有时候开心，有时候失落，有时候感到紧张或兴奋。你可能曾经有这样的经历：

- 遇到高兴的事情，想要记录下来，但总是忘记。
- 心情低落时，希望找到原因，但不知道从何入手。
- 想要更了解自己的情绪变化，以便更好地学会调整心态。

其实，记录心情可以帮助我们更好地理解自己，学会调整情绪，让生活变得更加积极向上。

DeepSeek 可以帮助你记录每日的心情，分析你的情绪变化，并提供调整心态的建议，让你更加自信、快乐。

❶ 让 DeepSeek 帮你记录每天的情绪

你可以每天花几分钟，写下自己的心情和发生的事情，这样可以更清楚地看到自己的情绪变化，并找到影响自己心情的原因。

示例 1　让 DeepSeek 帮你创建情绪日记模板。

"DeepSeek，帮我设计一个简单的情绪日记模板。"

日期：202×年×月×日

今天的心情（评分1~10）：

今天发生的开心/不开心的事情：

影响我心情的原因：
我学到了什么？下次遇到类似情况怎么做？

**示例2** **让 DeepSeek 记录一天的情绪。**

"DeepSeek，今天我觉得很开心，因为我和朋友一起踢了足球。"

日期：202×年×月×日
心情：9/10
开心的事情：和朋友踢了一场精彩的足球比赛！
影响我心情的原因：运动让我感到放松，和朋友们一起玩很开心！
总结：我发现运动可以让我更快乐，以后要多参加体育活动！

小挑战：让 DeepSeek 帮你创建一个情绪日记，并坚持写一周，看看自己的心情变化。

### ② 让 DeepSeek 分析你的情绪变化

当你记录了一段时间的情绪日记后，可以让 DeepSeek 帮你分析你的情绪模式，看看是什么影响了你的心情，以便找到让自己更开心的方法。

**示例1** **让 DeepSeek 分析你的情绪数据。**

"DeepSeek，我这周的情绪记录是：
周一：7/10（一般）
周二：5/10（有点烦躁）
周三：6/10（有点累）
周四：9/10（很开心）
周五：4/10（压力大）
请帮我分析我的情绪变化。"

你的情绪分析报告：
本周最高分：9/10（周四）→这一天你做了什么让你很开心？

本周最低分：4/10（周五）→这一天你遇到了什么压力？如何调整？

整体趋势：周初心情较低，周四最高，周五下降。可能需要在周五放松一下！

示例 2　让 DeepSeek 帮你找到让你快乐的方法。

"DeepSeek，我发现每次运动后，心情都会变好。"

运动可以让你更开心！你可以安排更多运动时间，比如放学后踢足球、跑步。

和朋友在一起让你更快乐！试着每周安排一次和朋友的活动。

未来建议：如果哪天心情不好，试试运动一下，说不定会好转哦！

小挑战：让 DeepSeek 帮你分析最近一周的心情变化，找到让自己更开心的方法。

③ 让 DeepSeek 帮你调整心情，提高幸福感

如果你发现自己最近心情不太好，DeepSeek 可以提供一些建议，帮助你调整心态，让你变得更积极乐观。

示例 1　让 DeepSeek 提供提升幸福感的方法。

"DeepSeek，我最近总是觉得心情低落，怎么办？"

每天对自己说一句鼓励的话："我很棒！"

保持运动，每天动一动，释放压力！

多和家人朋友聊天，不要一个人闷闷不乐！

做一件让自己开心的小事，比如画画、听音乐！

示例 2　让 DeepSeek 帮你制订"快乐计划"。

"DeepSeek，我想每天都更开心，能帮我制定一个快乐计划吗？"

周一：运动30分钟，如跳绳或踢球
周二：听自己喜欢的音乐，放松心情
周三：和家人一起吃顿好吃的饭
周四：读一本有趣的书，学到新知识
周五：写下这周最开心的3件事
周末：和朋友出去玩或参加兴趣活动

**小挑战：**

让 DeepSeek 帮你制定一个"快乐计划"，并坚持执行一周。

### 5.3.3　心理小测试：了解自己的情绪状态

人的情绪就像天气一样，有时候晴空万里，有时候乌云密布。了解自己的情绪状态，可以帮助我们更好地管理心情，让自己更快乐。

你有没有想过：

- 自己是容易紧张的人，还是很放松的人？
- 遇到困难时，你是勇敢面对，还是容易退缩？
- 你的情绪变化快不快？是否容易生气或者悲伤？

DeepSeek 可以通过有趣的心理小测试，帮助你更了解自己的情绪特征，并提供有用的调整建议，让你的心情更加阳光。

**① 让 DeepSeek 帮你测试你的情绪类型**

DeepSeek 可以通过一些简单的问题，帮你分析你的情绪类型，看看你是哪种性格的人。

**示例**　让 DeepSeek 帮你做"我的情绪类型"测试。

"帮我提供一份情绪测试题。"

情绪测试题
1. 最近一周，你的整体情绪如何？

A. 非常积极，充满能量

B. 比较平静，偶尔有波动

C. 有些低落，但还能应对

D. 非常消极，感到无力

2. 你是否容易感到焦虑或紧张？

……

**小挑战：**

让 DeepSeek 帮你做一次情绪测试，看看你属于哪种情绪类型。

### ② 让 DeepSeek 帮你检测你的压力水平

你是否有时候觉得压力很大，容易焦虑？适当的压力可以激励我们进步，但过大的压力会影响心情和健康！DeepSeek 可以帮你检测你的压力水平，并提供缓解压力的方法。

**示例** 让 DeepSeek 帮你做"我的压力指数"测试。

"帮我提供一份压力指数测试题。"

**压力指数测试题**

1. 最近一周，你是否感到紧张或焦虑？

A. 几乎没有

B. 偶尔会

C. 经常感到

D. 几乎每天都会

2. 你是否容易感到疲劳或精力不足？

……

**小挑战：** 让 DeepSeek 帮你做一个压力测试，并提供适合你的减压方法。

**③ 让 DeepSeek 帮你找到适合你的情绪调节方法**

当你了解了自己的情绪状态后，DeepSeek 可以帮助你找到最适合你的情绪调节方法，让你每天都保持好心情。

**示例 1** 让 DeepSeek 推荐适合你的放松方式。

"DeepSeek，我发现自己压力有点大，能给我一些放松的方法吗？"

> 如果你喜欢运动→试试慢跑、跳绳或骑自行车，运动能让你快速放松！
> 如果你喜欢安静→试试阅读、听音乐或画画，让自己沉浸在喜欢的事情里！
> 如果你喜欢和朋友交流→试试找朋友聊天，一起分享心事，你会感觉好多了！

**示例 2** 让 DeepSeek 帮你制订"情绪管理计划"。

"DeepSeek，我想每天都开心，能帮我制订一个情绪管理计划吗？"

> 周一：运动30分钟，让身体放松！
> 周二：写一篇情绪日记，记录今天的心情！
> 周三：和家人或朋友聊聊，分享一天的故事！
> 周四：听一首自己喜欢的歌，让自己开心！
> 周五：做一件让自己感到自豪的事情！
> 周末：安排一个喜欢的活动，比如画画、玩游戏、看电影！

**小挑战**：让 DeepSeek 帮你制订一个情绪管理计划，并坚持执行一周，看看你的心情有没有改善。

## 5.4 DeepSeek 与创意生活

你有没有想过，用 AI 来帮你画画、写故事、创作音乐，甚至制作有趣的视频？我们每个人都有丰富的想象力，但有时候可能会遇到以下这些问题：
- 想画画但不知道怎么开始。
- 想写一个有趣的故事但没有灵感。
- 想制作一个创意视频但不知道如何操作。

别担心！DeepSeek 可以成为你的"创意伙伴"，帮助你激发灵感、提供建议，让你的创意想法变成现实。

在本节中，我们一起探索 DeepSeek 如何帮助你成为更有创造力的人，让你的创意生活变得更加丰富多彩。

## 5.4.1 绘画与设计：用 AI 创作艺术作品

Canva 作为一个强大的在线设计平台，以其丰富的模板和简洁的操作界面，成为许多设计师的首选工具。本节将介绍如何结合 DeepSeek 与 Canva，利用 AI 技术生成精准的提示词，帮助你快速生成创意海报。

DeepSeek 与 Canva 结合可以大幅提升海报设计的效率和创意性，具体步骤如下。

（1）确定设计需求

明确海报的主题、风格、用途等，如"科技产品发布会海报，未来感十足，蓝色调"。

（2）使用 DeepSeek 生成初稿
- 打开 DeepSeek 官网或相关应用，输入具体的设计需求。
- DeepSeek 会根据提示词生成设计初稿，包括文案、配色、元素等，并提供多种风格供选择。

（3）导入 Canva 进行优化
- 将 DeepSeek 生成的初稿脚本复制到 Canva 中。
- 在 Canva 中调整布局、字体、配色等细节，确保符合品牌规范或个人喜好。
- 如果需要，可以添加额外的设计元素，如图标、背景等。

（4）预览与分享
- 预览海报效果，进行最后的微调。
- 下载海报文件，或通过 Canva 的社交分享功能直接发布到各大平台。

**示例** 使用 DeepSeek 生成一段保护环境的提示词，制作海报：保护环境。

1）使用 DeepSeek 生成一段保护环境的提示词。

"我是四年级的小学生，我想制作一份关于保护环境的海报，帮我生成一段提示词。"

好的！以下是一些适合四年级小学生的提示词，帮助你制作关于保护环境的海报：

主题标题：
"保护地球，从我做起！"
"绿色生活，环保未来！"
"爱护环境，人人有责！"

环保行动：
节约用水，关紧水龙头。
……

小提示：
使用鲜艳的颜色，吸引大家的注意。
用简单的图画和文字表达环保的重要性。
可以加入一些有趣的环保小知识，比如"一棵树每年可以吸收23千克的二氧化碳"。

希望这些提示词能帮助你制作出一张漂亮又有意义的海报！加油！

2）打开 Canva 官网（https：//www.canva.cn/），单击"开始设计"按钮，如图5-1所示。

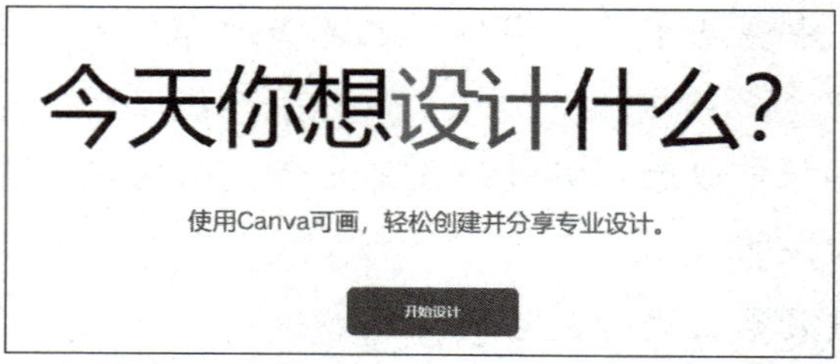

图 5-1　Canva 官网

3）第一次进入需要用微信、QQ 或者手机号登录，如图 5-2 所示。登录后，找到如图 5-3 所示的"AI 生图"选项并单击它，接着会弹出如图 5-4 所示页面，单击"试试吧"就可以开始绘图了。

图 5-2　Canva"快速注册或登录"页面　　　图 5-3　"AI 生图"选项

4）在弹出的新页面中，单击"AI 生图"，将 DeepSeek 输出的结果输入"描述你要创建的内容"文本框中，如图 5-5 所示。接着单击"生成图片"按钮进行创建。运行结果如图 5-6 所示。

图 5-4　"AI 生图"确认页面　　　图 5-5　AI 生图

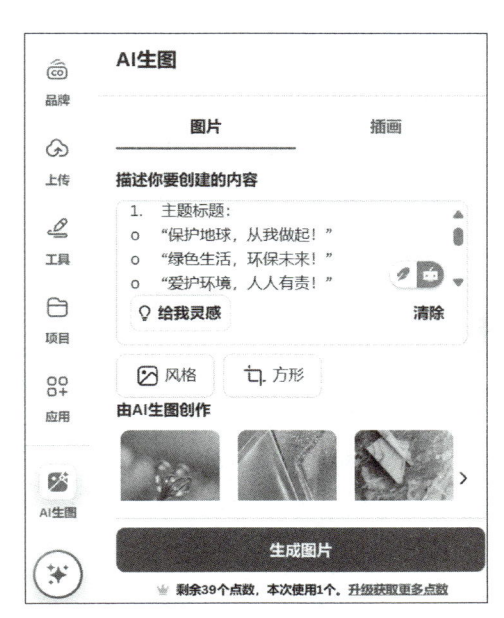

图 5-6　保护环境海报

总之，用 AI 创作艺术作品不仅好玩，还能锻炼我们的想象力和创造力。我们可以尝试不同的风格，把脑海里的奇思妙想变成现实。快试试用 AI 创作属于自己的艺术作品吧，让我们的学习和生活都充满创意与乐趣！

### 5.4.2　音乐创作：和 DeepSeek 一起写歌

同学们，你们有没有想过自己写一首歌？是不是觉得写歌很难，需要专业的音乐知识和乐器技能？其实，有了 DeepSeek 的帮助，写歌不仅能变得简单，还能变得很有趣。

DeepSeek 不仅能帮我们学习知识，还能成为我们的音乐创作伙伴。今天，我们就来一起探索如何和 DeepSeek 一起写歌，让学习和娱乐都充满创意！

**❶ 写歌的第一步：确定主题**

主题就是歌曲的灵魂，它决定了歌曲的情感和内容。你可以选择任何你喜欢的主题，如快乐、友谊、梦想、自然等。

例如，你想写一首关于"梦想"的歌，你可以告诉 DeepSeek："我想写一首关于梦想的歌，歌词要充满希望和勇气。"DeepSeek 会根据你选择的主题，帮你构思歌词。

示例　让 DeepSeek 写一首关于梦想的歌。

"我想写一首关于梦想的歌，歌词要充满希望和勇气。"

好的！我们可以从"梦想是一颗星星，照亮我前行的路"开始。你觉得这个开头怎么样？

"听起来不错！ 那后面呢？"

我们可以接着写："不管风雨多大，我都会勇敢追逐。因为心中有梦，所以无所畏惧。"

"哇，这太棒了！ 我好像已经看到这首歌的画面了。"

② 写歌词：用简单的语言表达情感

歌词是歌曲的"灵魂"，它需要用简单的语言表达深刻的情感。DeepSeek 可以帮助我们用优美的语言写出感人的歌词。你可以告诉 DeepSeek 你的想法，它会帮你润色和补充。

示例　让 DeepSeek 写一首关于友谊的歌。

"我想写一首关于友谊的歌，歌词要温暖又有趣。"

好的！我们可以从"朋友是阳光，照亮我的每一天"开始。

"我觉得可以加一点有趣的元素，比如'朋友是彩虹，让我的世界更美丽。'"

太棒了！那我们可以接着写："我们一起笑，一起闹，快乐的时光永远不会老。"

"哈哈，这句歌词太有趣了！我好像已经听到朋友们的笑声了。"

### ③ 创作旋律：让歌词"唱"起来

有了歌词之后，下一步就是创作旋律。旋律是歌曲的"骨架"，它能让歌词"唱"起来。DeepSeek 可以帮助我们选择合适的旋律风格，甚至可以哼唱出来给我们听。

**示例** 让 DeepSeek 创作旋律。

"我想让这首歌的旋律很轻快，听起来很温暖。"

> 好的！我们可以用吉他和钢琴的旋律来搭配。开头可以用简单的吉他弹奏，营造出温暖的氛围。

"听起来不错！那副歌部分呢？"

> 副歌部分可以用钢琴来加强旋律，让情感更强烈。我们可以试试这样的旋律（哼唱一段旋律）。

"哇，这旋律太好听了！我好像已经听到完整的歌曲了。"

### ④ 用 DeepSeek 激发创意

DeepSeek 不仅能帮我们写歌词和创作旋律，还能激发我们的创意。它会根据你的想法提供很多有趣的建议，让你的歌曲更加丰富多彩。

**示例** 让 DeepSeek 提供更多建议。

"我想让这首歌有一点特别的地方，比如加入一些乐器的声音。"

> 我们可以加入一些轻快的鼓点，让歌曲更有节奏感。或者在副歌部分加入一些口哨声，让歌曲更有趣。

"口哨声？ 听起来很特别！ 我喜欢这个主意。"

太好了！我们可以这样安排……（详细说明旋律和乐器的搭配）。

**⑤ 用音乐软件记录你的作品**

当你和 DeepSeek 一起完成歌曲的创作后，可以用一些简单的音乐软件把歌曲记录下来。DeepSeek 可以帮你找到适合的软件，甚至可以教你如何使用。

**示例 让 DeepSeek 帮你寻找软件以记录作品。**

"我不会用音乐软件，怎么办？"

不用担心！我可以教你用一些简单的软件，比如 GarageBand（苹果用户）或者 BandLab（安卓用户）。这些软件操作简单，很容易上手。

"那我怎么用呢？"

我们可以先用软件录下旋律，然后把歌词唱进去。我会一步步教你操作的。

"太棒了！ 我迫不及待想试试了。"

同学们，DeepSeek 不仅能帮助我们学习知识，还能成为我们的音乐创作伙伴。通过和 DeepSeek 一起写歌，我们可以发挥创意、表达情感，还能在娱乐中学习。写歌不仅能让我们感到快乐，还能提升我们的语言表达能力和音乐素养。

无论你是想写一首关于快乐的歌，还是一首关于梦想的歌，DeepSeek 都会是你非常好的助手。快试试和 DeepSeek 一起创作一首属于自己的歌吧！让我们一起用音乐表达情感，用创意点亮生活。

### 5.4.3　故事创作：用 AI 编写属于自己的故事

同学们，你们有没有想过自己也能成为一个小小故事家，写出一个又一个精彩的故事呢？其实，有了 DeepSeek 的帮助，这并不难！DeepSeek 不仅能帮我们学习知识，还能成为我们的故事创作伙伴。今天，我们就来一起探索如何用 DeepSeek 编写属于自己的故事，让学习和生活都充满创意与乐趣！

**① 写故事的第一步：确定主题**

写故事的第一步是确定主题。主题就像是故事的"灵魂"，它决定了故事的内容和情感。你可以选择任何你喜欢的主题，比如冒险、友情、魔法、科幻等。

比如，你想写一个关于"冒险"的故事，你可以告诉 DeepSeek："我想写一个关于冒险的故事，情节要惊险又刺激。"DeepSeek 会根据你的主题，帮你构思故事的开头。

> **示例**　让 DeepSeek 写一个关于冒险的故事。

"我想写一个关于冒险的故事，情节要惊险又刺激。"

好的！我们可以从"在一个风雨交加的夜晚，主角发现了一张神秘的地图"开始。你觉得这个开头怎么样？

"听起来不错！那后面呢？"

主角可以沿着地图的线索，踏上一场寻找宝藏的冒险之旅。途中会遇到各种危险，比如凶猛的野兽、神秘的陷阱，但主角凭借勇气和智慧——克服。

"哇，这太棒了！我好像已经看到故事的画面了。"

**② 构思情节：让故事充满惊喜**

情节是故事的"骨架"，它能让故事变得有趣和吸引人。DeepSeek 可以帮助我们构思情节，让故事充满惊喜和转折。你可以告诉 DeepSeek 你的想法，它会帮你补充和完善情节。

**示例** 让 DeepSeek 构思情节。

"我想让主角在冒险中遇到一个神秘的朋友。"

好的！我们可以让主角在森林里遇到一只会说话的狐狸。这只狐狸不仅聪明，还能帮助主角解开地图上的谜题。

"太有趣了！那他们一起遇到了什么危险呢？"

他们可以遇到一个古老的迷宫，里面藏着宝藏，但也有可怕的怪物。主角和狐狸需要合作，才能找到宝藏并逃脱。

"哇，这情节太精彩了！我迫不及待想写下去了。"

### ③ 塑造角色：让故事更加生动

角色是故事的核心，一个有趣的角色能让故事更加生动。DeepSeek 可以帮助我们塑造角色，让角色有独特的性格和特点。你可以告诉 DeepSeek 你的想法，它会帮你完善角色的设定。

**示例** 让 DeepSeek 塑造角色。

"我想让主角是一个勇敢的小男孩，名字叫小明。"

好的！小明可以是一个好奇心很强的小男孩，他总是喜欢探索未知的世界。他的特点是勇敢、聪明，但有时候也会有点冲动。

"那么他的朋友狐狸呢？"

狐狸可以叫"阿狸"，它是一只非常聪明的狐狸，擅长解谜。虽然它看起来有些狡猾，但实际上它很善良，总是帮助小明。

"太棒了！小明和阿狸一定会成为好朋友。"

没错！他们之间的友情也会是故事的一个重要主题。

❹ 用 DeepSeek 激发创意

DeepSeek 不仅能帮我们构思情节和塑造角色，还能激发我们的创意。它会根据你的想法提供很多有趣的建议，让你的故事更加丰富多彩。

**示例** 让 DeepSeek 激发我们的创意。

"我想让故事的结局很感人。"

我们可以让小明和阿狸在找到宝藏后，发现宝藏其实是一颗神奇的种子。这颗种子可以长出一片神奇的森林，让世界变得更加美好。

"哇，这个结局太有意义了！我喜欢。"

最后，小明和阿狸种下种子，看着它慢慢发芽，他们知道，这次冒险不仅让他们得到了宝藏，还让他们收获了友谊和成长。

❺ 用 DeepSeek 润色故事

当你和 DeepSeek 一起完成故事的初稿后，DeepSeek 还可以帮你润色故事，让语言更加优美和流畅。你可以把故事读给 DeepSeek 听，它会帮你修改语法错误，调整句子结构，甚至增加一些有趣的细节。

**示例** 让 DeepSeek 润色故事。

"我写了一段话：'小明和阿狸来到了一个黑暗的洞穴，里面很可怕。'"

这段话可以更生动一些。比如："小明和阿狸来到了一个黑暗的洞穴，洞穴里弥漫着潮湿的气息，每一步都传来奇怪的回声，仿佛有无数双眼睛在黑暗中注视着他们。"

"哇，这样写太有画面感了！"

没错！我们可以用一些形容词和比喻，让故事更加生动。

**6 用故事表达情感**

写故事不仅能锻炼我们的想象力和创造力，还能帮助我们表达情感。通过故事，我们可以分享自己的快乐、悲伤、勇气和梦想。DeepSeek 会帮助我们找到适合表达情感的方式，让故事更加感人。

示例　让 DeepSeek 用故事表达情感。

"我想在故事里表达友情的重要性。"

我们可以让小明和阿狸在冒险中遇到很多困难，但他们始终互相支持。比如，当小明陷入危险时，阿狸不顾一切地去救他；当阿狸感到害怕时，小明也会鼓励它。

"这样写一定能打动读者。"

没错！通过具体的行动和对话，我们可以让读者感受到他们的友情是多么深厚。

同学们，DeepSeek 不仅能帮助我们学习知识，还能成为我们的故事创作伙伴。通过和 DeepSeek 一起写故事，我们可以发挥创意，表达情感，还能在娱乐中学习。写故事不仅能让我们感到快乐，还能提升我们的语言表达能力和创造力。

无论你是想写一个关于冒险的故事，还是一个关于魔法的故事，DeepSeek 都会是你最好的助手。快试试和 DeepSeek 一起创作属于自己的故事吧，让我们的学习和生活都充满创意与乐趣！

### 5.4.4　视频创作：与 AI 共同制作创意视频

即梦 AI 是一个生成式人工智能创作平台，支持通过自然语言及图片输入，生成高质量的图像或视频。它提供智能画布、故事创作模式，以及首尾帧、对口型、运镜控制、速度控制等 AI 编辑能力，并有海量影像灵感及兴趣社区，一站式提供用户创意灵感、流畅工作流、社区交互等资源，为用户的创作提效。

本节将介绍如何结合 DeepSeek 与即梦，利用 AI 技术生成精准的提示词，帮助你快速生成创意视频。

**示例** 使用 DeepSeek 生成"小猫追蝴蝶"的视频。

"我想制作一个关于"小猫追蝴蝶"的视频，帮我生成一段提示词。"

一只毛茸茸的［小猫品种，例如：橘猫、英短、布偶］小猫，［描述小猫外貌特征，例如：圆溜溜的大眼睛、粉嫩的鼻子、蓬松的尾巴］，在［场景一，例如：阳光明媚的阳台、堆满玩具的房间、绿意盎然的公园］里［动作一，例如：慵懒地晒太阳、开心地玩毛线球、好奇地追逐蝴蝶］。

1）打开即梦 AI 官网（https://jimeng.jianying.com/），单击页面上方的"视频生成"选项卡。在弹出的页面中，单击右上角的"登录"按钮，如图 5-7 所示。

图 5-7 即梦 AI 官网

2）在弹出如图 5-8 所示页面后，单击"登录"按钮，记得勾选"已阅读并同意用户服务协议/隐私政策/AI 功能使用须知"。

图 5-8　登录即梦 AI

3）在弹出的如图 5-9 所示页面中，有两种登录方式，一种是通过抖音 App 扫码登录，如图 5-9a 所示；另一种是手机验证码登录，如图 5-9b 所示。

a) 抖音App扫码登录　　　　　　b) 手机验证码登录

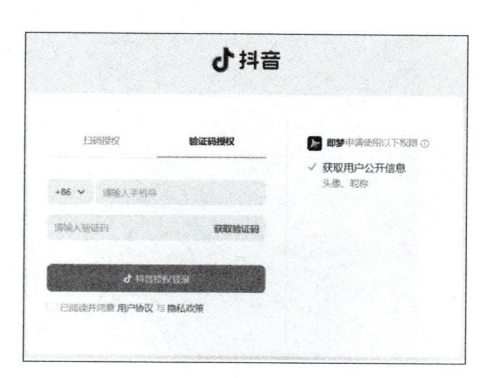

图 5-9　即梦 AI 登录方式

4）登录后，单击页面上方"AI 视频"下的"视频生成"按钮，如图 5-10 所示。

图 5-10　选择"AI 视频"下的"视频生成"

5）将 DeepSeek 输出的结果，如"一只毛茸茸的小猫，圆溜溜的大眼睛在阳光明媚的阳台里慵懒地晒太阳"，输入"文本生视频"文本框中，如图 5-11 所示。

6）单击"生成视频"按钮创建视频，运行结果如图 5-12 所示。

图 5-11　视频生成页面

图 5-12　小猫追蝴蝶

本节中，我们探索了如何与 AI 共同制作创意视频，特别是借助 DeepSeek 这一强大的工具。我们了解到，AI 不仅能够为我们提供丰富的创作灵感，还能快速生成生动的画面、辅助剪辑视频，并优化整体效果。通过与 AI 的合作，我们能够激发想象力，提升创造力，同时锻炼动手能力。让我们动手试试吧！

# 第6章 AI工具百宝箱——更多有趣的AI工具

你已经和 DeepSeek 完成了很多学习与创意的挑战，也掌握了用 AI 写作、答题、讲故事的能力。不过，你知道吗？在 AI 的世界里，像 DeepSeek 这样的"语言魔法师"只是其中一种，还有许多其他类型的 AI 工具，也能帮助你画画、作曲、写代码、设计游戏、翻译语言……

这一章就是你通往 AI 奇幻世界的"百宝箱"——我们将为你介绍绘画、音乐、编程、翻译等多个领域的有趣 AI 工具，让你发现：原来 AI 不仅能帮你学习，还能让你变得更会创作、更有想象力！

## 6.1 AI 绘画工具

小朋友们，你们喜欢画画吗？有没有想过用魔法一样的工具来帮你画出超级漂亮的作品呢？现在，AI 就像一个神奇的画笔，可以帮助你生成美丽的艺术作品！今天，我们就来认识一些 AI 绘图工具，看看它们是怎么工作的吧！

### 6.1.1 用 AI 生成艺术作品：介绍文心一格等工具

使用 AI 绘图工具很简单。你只需要用文字描述你想画的东西，如"一个阳光明媚的海滩，有椰子树和蓝色的大海"，然后 AI 就会根据你的描述生成一幅画。只要给它发送一个指令，它就会按照你的想法画画。

下面介绍一些常见的 AI 绘图工具。

- 文心一格：它能够根据用户的文字描述快速生成创意画作，是国内领先的 AI 图片生成工具。它可以实现一语成画，智能生成，支持多种风格，有二次编辑功能，不仅可用于艺术创作，还支持海报创作。
- 即梦 AI：可以帮助你用文字或者图片生成美丽的画作和有趣的视频。

### 1 文心一格

文心一格是百度推出的一款 AI 艺术和创意辅助工具，依托百度飞桨深度学习框架和文心大模型的技术创新，能够根据用户的文字描述快速生成创意画作。它于 2022 年 8 月正式发布，是国内领先的 AI 图片生成工具。

文心一格的使用步骤如下。

1）打开浏览器，访问文心一格官网（https://yige.baidu.com/），如图 6-1 所示，单击"登录"选项，进行登录。

图 6-1　文心一格官网

2）在出现的如图 6-2 所示页面中，选择合适的登录方式，如百度登录、微信登录、QQ 登录和微博登录，也可以单击"立即注册"按钮，进行登录。

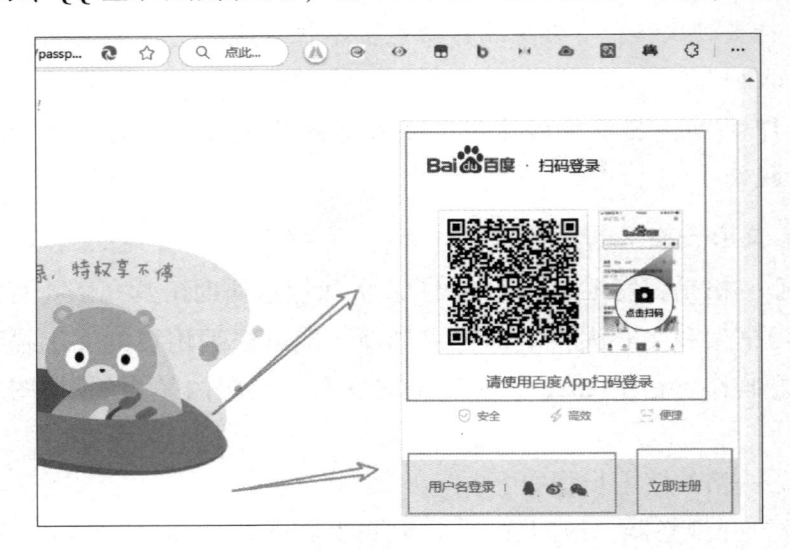

图 6-2　登录文心一格

3）登录成功后，会弹出如图 6-3 所示页面，单击"立即创作"按钮，还可以在左上方找到"AI 创作"，单击"推荐"选项，输入提示词，然后单击"立即生成"按钮来创建图片，如图 6-4 所示。

图 6-3　立即创作 　　　　　　　　图 6-4　AI 创作

4）绘制一幅涂抹油画风格的孩子在野花丛中欢快奔跑的画作，输入的提示词如下：

"涂抹油画风格，绘制的是一个孩子在野花丛中欢快奔跑的画作，头发和衣服被风吹乱。"

运行结果如图 6-5 所示。

图 6-5　涂抹油画风格的小孩

## ❷ 即梦 AI

小朋友们，如果有一台魔法机器，可以帮你把想象中的画面变成真实的图片或者视频，那么多有趣啊！

1）按照 5.4.4 节中的操作步骤 1）~3）登录即梦。登录成功后，单击首页左上方的"AI 作图"下的"图片生成"按钮，如图 6-6 所示。

图 6-6　选择"AI 作图"下的"图片生成"

2）接下来，我们绘制一个哪吒插画，向 DeepSeek 的提问如下：

"为哪吒设计一段包含材质细节与风格的 AI 绘画提示词。"

3）DeepSeek 给出的 AI 绘画提示词如下：

> 以下是专为哪吒形象设计优化的 AI 绘画提示词，包含材质细节与风格化要素：
> 【基础提示词】
> （（（中国神话少年战神））），哪吒3D角色设计，超高精度建模，虚幻引擎渲染，全身展示姿势。
> −头部：火焰纹金属头冠+传统双髻发型（能量粒子效果）+眉心莲花印记（发光材质）
> −上身：乾坤圈（赛博朋克机械环+古文雕刻）+混天绫（动态布料模拟+火焰粒子尾迹）
> −下身：莲花战裙（半透明玉质纹理）+机械绑腿（青铜质感做旧处理）
> ……

4）在出现的如图 6-7 所示页面中，将 DeepSeek 生成的提示词复制到文本框中，还可以调节精细度、图片比例和图片尺寸，最后单击"立即生成"按钮，如图 6-8 所示。

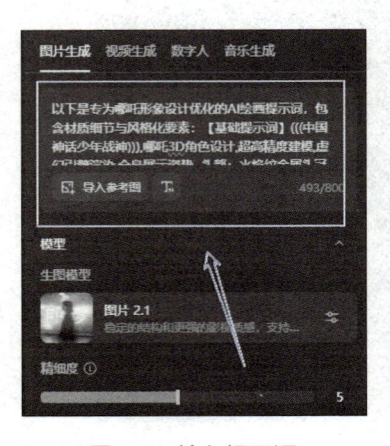

图 6-7　输入提示词

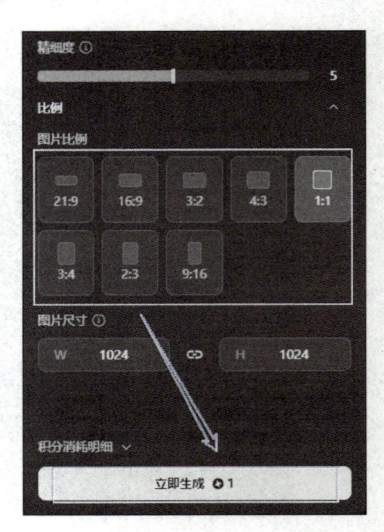

图 6-8　立即生成图片

5）接着，右侧会出现如图6-9所示页面，可选择喜欢的图片下载，如图6-10所示。如果不满意，则可以选择下方的超清、细节修改和局部重绘选项进行修改。

图6-9　生成结果

图6-10　选择喜欢的图片下载

## 6.1.2　创意设计：用AI设计海报和插画

海报是一种用来宣传的画，比如宣传一场电影、一个活动或者一个比赛。它通常很醒目，有很多色彩和图案，能吸引人们的注意力。插画则是用来装饰书籍、杂志或者卡片的画。

（1）儿童节海报

第一步：在 AI 绘图工具中输入如下提示词。

"为儿童节设计一张海报，风格是彩色卡通，有气球、礼物和快乐的小朋友。"

AI 生成的结果如图 6-11 所示。

图 6-11　儿童节海报

第二步：选择一张你喜欢的设计进行下载。

第三步：打印出来，贴在教室或家里。

（2）保护动物海报

第一步：在 AI 绘图工具中输入如下提示词。

"设计一张关于保护动物的海报，风格是写实，有大熊猫、北极熊和绿色地球。"

AI 生成的结果如图 6-12 所示。

第二步：选择一张你觉得最有力量的设计进行下载。

第三步：可以把它打印出来，挂在墙上提醒大家保护动物。

（3）运动会海报

第一步：在 AI 绘图工具中输入如下提示词。

图 6-12　保护动物海报

"为学校的运动会设计一张海报，风格是动感的，有跑步的小朋友、跳远的运动员和加油的观众。"

AI 生成的结果如图 6-13 所示。

图 6-13　运动会海报

第二步：选择一张最能体现运动会精神的设计进行下载。

第三步：可以把它打印出来，贴在学校的公告栏上。

（4）故事书插画

第一步：在 AI 绘图工具中输入如下提示词。

"为一个关于小兔子冒险的故事书设计插画，风格是水彩画，小兔子在森林里和小松鼠玩耍。"

AI 生成的结果如图 6-14 所示。

图 6-14　为小兔子冒险的故事书设计的插画

第二步：选择一张你最喜欢的插画进行下载。

第三步：把它贴在你的故事书里，让故事更生动。

（5）秋天的明信片插画

第一步：在 AI 绘图工具中输入如下提示词。

"设计一张秋天的明信片插画，风格是素描，有落叶、南瓜和温暖的阳光。"

AI 生成的结果如图 6-15 所示。

第二步：选择一张你觉得最温暖的设计进行下载。

第三步：可以把它打印出来，寄给远方的朋友。

AI 是一个很厉害的工具，可以帮助你设计出漂亮的海报和有趣的插画。通过简单的文字描述，AI 就能帮你实现创意。快去试试吧，看看你能创造出什么样的作品。

图 6-15　秋天的明信片插画

## 6.1.3　趣味涂鸦：AI 如何帮你完成绘画

涂鸦就是用笔在纸上随意画画，画出你心里想到的东西。它可以是一只小猫、一朵云，或者任何你喜欢的东西。涂鸦是一种自由发挥的艺术形式，不需要担心画得不好，只要开心就好！

通义万相是一个很厉害的 AI 绘画工具，它可以帮助你把简单的涂鸦变成一幅完整的画作，就像一支魔法画笔。你可以用它画出你想象中的任何东西，如小动物、风景、卡通人物，甚至一个奇幻的世界！

通义万相工具使用步骤如下。

1）打开浏览器，访问通义万相官网（https://tongyi.aliyun.com/wanxiang/），如图 6-16 所示。

2）主页左侧提供 5 种功能选项，分别为"探索发现""文字作画""视频生成""应用广场"和"我的收藏"，这里选择"应用广场"，然后单击"涂鸦作画"，如图 6-17 所示。

3）进入"涂鸦作画"页面，单击"点击进入涂鸦"按钮，如图 6-18 所示。

4）在出现如图 6-19 所示页面时，就可以进行涂鸦了，这里不仅支持上传绘制好的涂鸦，还可以在线进行绘制，绘制完成之后，单击"完成涂鸦"按钮即可。

5）这里我们绘制一个涂鸦，如图6-20所示。

图6-16　通义万相官网

图6-17　涂鸦作画

图 6-18　点击进入涂鸦 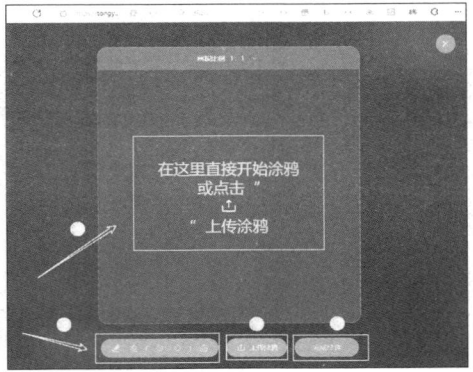　　　　　　　　图 6-19　开始涂鸦作画

6）如果想要修改涂鸦，怎么办呢？在图 6-19 所示页面的②处，提供了编辑功能，从左到右依次为绘画、橡皮、撤销、重做和清空画布。例如，我们单击"橡皮"图标按钮，将图 6-20 所示涂鸦作品的两个手臂擦掉，如图 6-21 所示。撤销功能表示返回上一步，清空画布功能将把我们绘制的图案都去掉。

图 6-20　一个涂鸦 　　　　　　　　图 6-21　涂鸦修改

7）完成涂鸦后，输入提示词"生成一个可爱的小朋友"，单击"生成涂鸦画作"按钮，让 AI 补全我们的想要的插画，如图 6-22 所示，可以看见，虽然我们画得不是很好看，但是 AI 可以为我们生成一幅很好的绘画作品。

图 6-22 生成涂鸦画作

8)最后,可以单击右下方"下载"图标按钮下载我们想要的涂鸦画作。这里提供了"下载结果图"和"下载对比图"两个选项,根据自己的需要进行下载即可,如图 6-23 所示。

图 6-23 下载涂鸦画作

### 练习1 画一只蝴蝶

提示:用鼠标在屏幕上画一个椭圆,作为蝴蝶的身体,并输入提示词:

"一只色彩斑斓的蝴蝶,翅膀上有美丽的花纹,停在花丛中。水彩风格"

### 练习2 画一棵大树

提示:用鼠标在屏幕上画一个长方形,作为树干,并输入提示词:

"一棵高大的树,树冠上有绿色的叶子,树下有小草和小花。油画风格"

### 练习3 画一只小兔子

提示:用鼠标在屏幕上画一个圆圈,作为小兔子的头部,并输入提示词:

"一只可爱的小兔子，有长长的耳朵，坐在草地上，旁边有胡萝卜。卡通风格"

AI 涂鸦工具是非常有趣的工具，可以帮助你把简单的涂鸦变成美丽的画作。通过简单的形状和提示词，AI 就能帮你完成复杂的绘画。快去试试吧，看看你能创造出什么样的奇妙作品！完成后，别忘了和大家分享你的作品哦！

## 6.2 AI 音乐工具

音乐，作为人类最古老且最具感染力的艺术形式之一，如今正与人工智能技术碰撞出令人惊叹的火花。AI 音乐工具不仅为专业音乐人提供了全新的创作思路，还为普通爱好者开启了通往音乐世界的大门。

### 6.2.1 用 AI 创作音乐：介绍 AI 音乐生成工具

AI 音乐生成工具是一种神奇的软件，可以帮助你轻松创作音乐。你只需要输入一些简单的文字描述或者歌词，AI 就能帮你生成完整的歌曲，甚至可以添加旋律、和声和人声。这种工具非常适合初学者和专业人士，让音乐创作变得简单又有趣。

常用的 AI 音乐生成工具有 Brev AI、SongGenerator.io AI 等，本节只介绍 Brev AI。

Brev AI 可从文本生成音乐，支持歌词生成、音效生成和人声移除。它提供免费试用，支持多种音乐风格和高质量音频输出。

Brev AI 工具的使用步骤如下。

1）打开浏览器，访问 Brev AI 官网（https://brev.ai/zh-CN），如图 6-24 所示。

2）进入主页面后，选择 "ZH-CN"，即选择合适的语音，然后单击"登录"选项进行登录，登录成功后，单击"立即创作音乐"按钮，如图 6-24 所示。

3）接下来将会进入生成音乐页面，选择"音乐生成器"，在"歌曲描述"文本框中输入提示词，然后单击"生成音乐"按钮即可生成音乐，如图 6-25 所示。

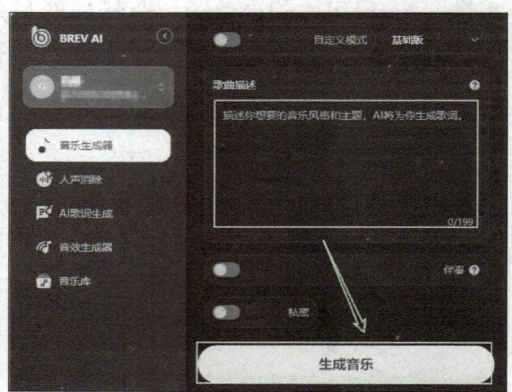

图 6-24　Brev AI 官网　　　　　图 6-25　生成音乐页面

4）在 DeepSeek 中输入如下提示词：

"创作一首儿歌《小星星的魔法毯》，给出歌词。"

DeepSeek 创作的儿歌《小星星的魔法毯》的歌词如下：

《小星星的魔法毯》

第一节：
小星星，眨眼睛，
偷偷溜进云朵里。
扯片晚霞做披风，
月亮婆婆笑咪咪！

第二节：
骑上风儿滑滑梯，
跳进小溪洗脚底。
萤火虫，提灯笼，
照亮草地捉迷藏！

副歌：
转呀转，飞呀飞，
魔法毯子天上追！
抱颗露珠当宝石，
梦里银河来开会！

第三节：
太阳公公伸懒腰，
星星宝宝快回家。
躲进云被数绵羊，
呼噜呼噜睡着啦

副歌：
转呀转，飞呀飞，
明天再来玩一回！
你也来，我也来，
童话世界排成队！

5）将 DeepSeek 生成的内容输入"歌曲描述"文本框中，单击"生成音乐"按钮，即可生成音乐，生成结果如图 6-26 所示，默认情况下会生成两个音乐文件，可以选择一个喜欢的下载。单击"音乐播放"图标按钮即可播放创建好的音乐。

图 6-26　生成的《小星星的魔法毯》

6）单击"下载"图标按钮就可以下载音乐了，下载文件是一个压缩包，需要解压缩才可以使用，如图 6-27 所示。

图 6-27　下载的《小星星的魔法毯》

## 6.2.2　音乐改编：用 AI 改编经典曲目

音乐改编是将一首已有的歌曲通过 AI 工具进行重新创作，改变其风格、节奏或旋律，使其听起来焕然一新。例如，你可以把一首流行歌曲改编成古典风格，或者把一首慢歌改编成快节奏的舞曲。

❶　如何用 AI 改编经典曲目

1）选择一首经典曲目，如《小星星》或《欢乐颂》。

2）使用 Brev AI 等工具，上传歌曲文件。

3）选择改编风格，如将《小星星》改编成"梦幻，硬摇滚"风格，或者将《欢乐颂》改编成"小提琴，强烈"风格。

4）AI 会根据你的选择重新创作歌曲。

5）保存改编后的歌曲，并可分享给家人和朋友。

❷　有趣的音乐改编练习

练习①　把《小星星》改编成摇滚风格

1）将《小星星》作为要改编的曲目，并将下面一段歌词作为提示词输入"歌词"文本框中。

> 一闪一闪亮晶晶
> 满天都是小星星
> 挂在天上放光明
> 好像许多小眼睛

2）选择"音乐风格"为"梦幻，硬摇滚"，为音乐起一个标题，如《摇滚风格小星星》，单击"生成音乐"按钮，如图 6-28 所示，等待 AI 完成改编。

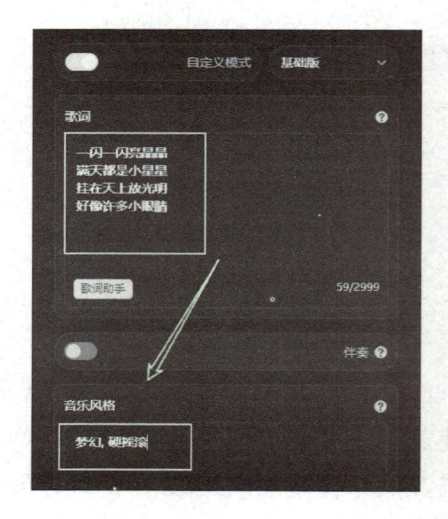

图 6-28　创作标题为《摇滚风格小星星》的音乐

3）下载改编后的歌曲，然后可分享给家人和朋友。

### 练习2  把《欢乐颂》改编成"小提琴，强烈"风格

1）将《欢乐颂》作为要改编的曲目，并将 DeepSeek 生成的歌词作为提示词输入"歌词"文本框中。

> 欢乐，美丽的神的火花，
> 来自极乐世界的女儿，
> 我们怀着炽热的情感，
> 走进你的圣殿。
> ……

你们倒下，千百万人？

世界，你预感到了创造者吗？

在星空之上寻找他！

他一定住在星空之上。

2）选择音乐风格为"小提琴，强烈"，如图 6-29a 所示。

3）为音乐起一个标题《小提琴，强烈风格的欢乐颂》，如图 6-29b 所示。

4）单击"生成音乐"按钮，等待 AI 完成改编。

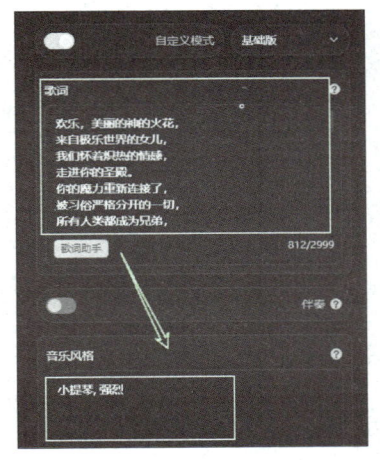

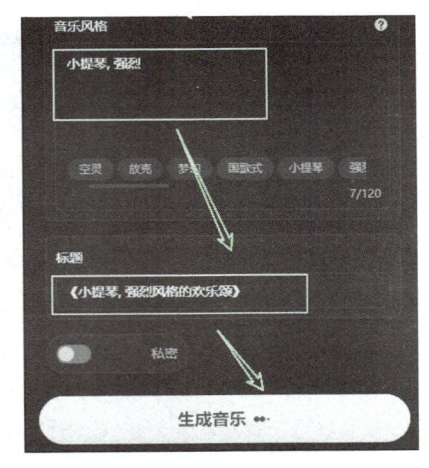

a) 歌词和音乐风格　　　　　　b) 标题和生成音乐

图 6-29　创作标题为《小提琴，强烈风格的欢乐颂》的音乐

5）下载改编后的歌曲，然后可分享给家人和朋友。

## 6.3　AI 编程工具

编程已经成为一种重要的技能，它不仅为专业人士提供了强大的工具，还为普通用户开启了探索科技世界的大门。本章将带你深入了解 AI 编程工具的三大应用领域：编程助手、编程学习平台及编程小挑战，探索它们如何帮助你更轻松地掌握编程技能，提升编程效率，并激发你的创造力。

### 6.3.1　编程助手：用 AI 辅助编写代码

AI 编程助手能够根据上下文智能生成代码片段，帮助开发者提升编程效率。常见的 AI 编程助手有以下几种。

1）Cursor：它对新手非常友好，不懂代码也能应用。它可通过官方网址 https://www.cursor.com/cn 来访问，如图 6-30 所示。它适合中小学生尝试简单的编程项目，如制作小游戏或小动画。

图 6-30　Cursor 官网

2）Heeyo：它是专为 3~11 岁儿童设计的智能 AI 学习伙伴，支持语言学习、认知发展、情感支持、创造力培养和社交技能提升。它可通过官方网址 https://www.heeyo.ai/zh-cn/ 来访问，如图 6-31 所示。它适合低龄儿童使用，可通过互动学习游戏和 AI 伙伴，激发儿童的想象力和创造力，同时学习编程基础。

3）CodeGeeX：它是智谱 AI 推出的一款基于大模型的 AI 编程助手，基于 130 亿参数的预训练大模型，支持多种编程语言和 IDE，提供代码自动生成和补全、代码翻译、自动添加注释、智能问答等功能。它可通过官方网址 https://codegeex.cn/ 来访问，如图 6-32 所示。

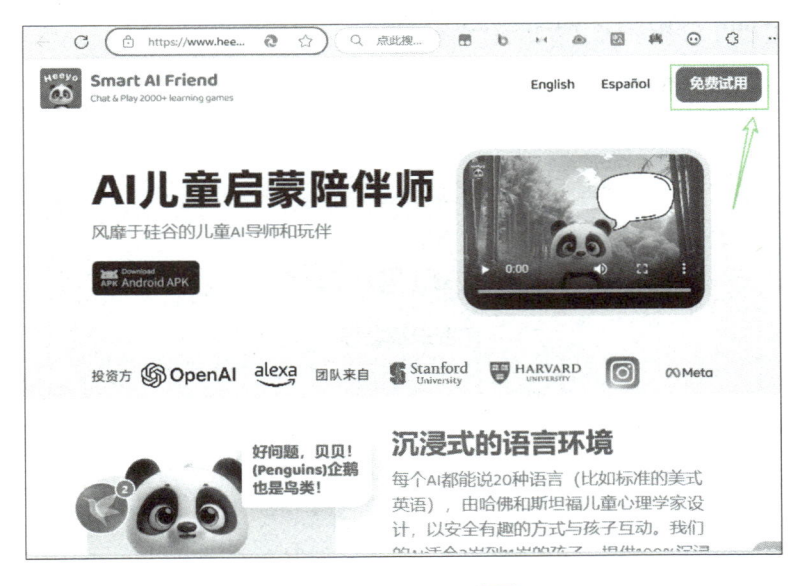

图 6-31　Heeyo 官网

图 6-32　CodeGeeX 官网

4）DeepSeek：它是一款具有强中文理解能力的 AI 编程助手，需要通过 API 调用。其模型可集成到 Visual Studio Code 等开发环境中，提供代码补全、智能生成、AI 对话等功能。它可通过官方网址 https://www.

deepseek.com/ 来访问，如图 6-33 所示。

图 6-33　DeepSeek 官网

5）腾讯云 AI 代码助手：它是一款腾讯云自研的开发编程提效辅助工具，通过插件安装到编辑器中，提供自动补全代码、注释生成代码、代码解释、生成测试代码、转换代码语言、技术对话等功能。它可通过官方网址 https://copilot.tencent.com/ 来访问，如图 6-34 所示。

图 6-34　腾讯云 AI 代码助手

6）Kimi（人工智能助手）：它擅长中文和英文对话，能够帮助解答问题、处理文件、搜索信息等，提供注释生成代码、代码解释等。它可通过官方网址 https://kimi.moonshot.cn/ 来访问，如图 6-35 所示。

图 6-35　Kimi 官网

### 练习 1　使用 Python 输出斐波那契数列（这个练习可帮助初学者理解循环和序列生成）

1）使用 DeepSeek，输入提示词：

"使用 Python 输出斐波那契数列。"

2）DeepSeek 的输出如下：

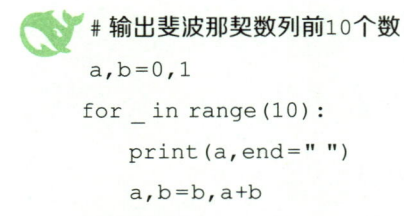

```
# 输出斐波那契数列前10个数
a,b=0,1
for _ in range(10):
    print(a,end=" ")
    a,b=b,a+b
```

运行结果如下：

0 1 1 2 3 5 8 13 21 34

解释："a,b=b,a+b" 是一种简洁的多重赋值方式。

**练习2** 使用 Python 统计字符串中字符的数量（这个练习可帮助初学者理解字符串操作）

1）使用 DeepSeek，输入提示词：

"使用 Python 统计字符串中字符的数量。"

2）DeepSeek 的输出如下：

```python
# 输入一个字符串
text=input("请输入一个字符串：")
# 统计字符数量
char_count=len(text)
# 输出结果
print("字符串的长度是：",char_count)
```

运行结果如下：

请输入一个字符串：我很爱学习,你呢

字符串的长度是：8

解释：len() 函数用于获取字符串的长度。

**练习3** 使用 Python 实现基本的加、减、乘、除运算

1）使用 DeepSeek，输入提示词：

"使用 Python 实现基本的加、减、乘、除运算。"

2）DeepSeek 的输出如下：

```python
# 加法
a=5
b=3
sum_result=a+b
print("数字",a,"和",b,"的和是",sum_result)
# 减法
difference=a-b
print("数字",a,"和",b,"的差是",difference)
```

```
# 乘法
product=a * b
print("数字",a,"和",b,"的乘积是",product)
# 除法
quotient=a / b
print("数字",a,"除以",b,"的商是",quotient)
```

运行结果如下：

数字 5 和 3 的和是 8

数字 5 和 3 的差是 2

数字 5 和 3 的乘积是 15

数字 5 除以 3 的商是 1.6666666666666667

### 6.3.2　编程学习平台：推荐适合中小学生的编程工具

**1　图形化编程工具**

（1）Scratch

特点：它由麻省理工学院（MIT）开发，是目前最流行的图形化编程工具之一。它通过拖拽代码块的方式编写程序，非常适合初学者，能够激发孩子们的创造力和逻辑思维能力。可以通过 https://www.scratch5.com/ 网站进行 Scratch 编程，如图 6-36 所示。

图 6-36　Scratch 编程官网

适用场景：适合 7 岁以上的孩子，可以用来制作动画、游戏和故事，可以通过 https://turbowarp.org/editor 页面制作游戏，如图 6-37 所示。

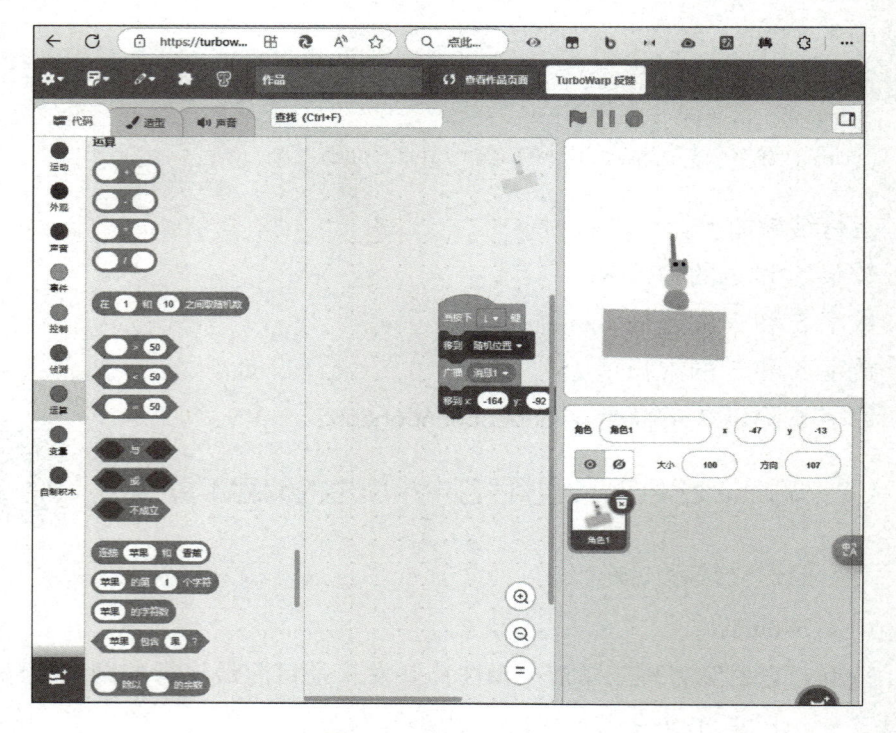

图 6-37　制作游戏页面

优点：界面友好，社区活跃，有大量的教程和示例项目可供参考。

缺点：对更复杂的编程逻辑和数据结构的支持有限，适合初级学习。

（2）Blockly

特点：它是由 Google 开发的可视化编程工具，支持多种编程语言的代码生成，适合学习编程基础。它可以通过 https://developers.google.cn/blockly?hl=zh-cn 进行访问，如图 6-38 所示。

适用场景：适合 6 岁以上的孩子，尤其是那些对编程逻辑感兴趣但尚未接触过文本编程的孩子。

优点：与多种项目和平台兼容，如 Google 的 Blockly Games，通过游戏化的方式引导孩子学习编程。可以通过 https://google.github.io/blockly-samples/ 页面制作游戏，如图 6-39 所示。

图 6-38 Blockly 官网

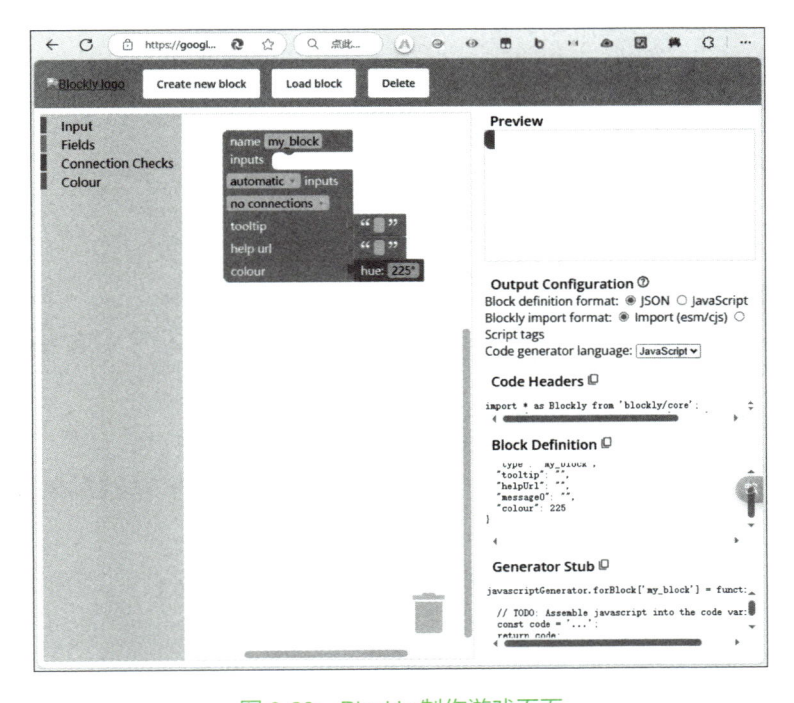

图 6-39 Blockly 制作游戏页面

缺点：相比 Scratch，Blockly 的社区资源相对较少，用户可能需要更多自主探索。

（3）MakeCode

特点：它由微软开发，支持图形化编程和 Python 或 JavaScript 代码，适合对硬件编程感兴趣的孩子。它可以通过 https://makecode.microbit.org/ 进行访问，如图 6-40 所示。单击"新建项目"，给项目取一个名字就可开始编程了，如图 6-41 所示。

图 6-40　MakeCode 官网

适用场景：适合 8 岁以上的孩子，尤其是那些对物联网和硬件编程感兴趣的学生。

优点：与多种硬件设备（如 micro:bit）兼容，支持从图形化编程到文本编程的过渡。

缺点：学习曲线相对陡峭，需要一定的硬件基础。

(4) Pencil Code

Pencil Code 是一个基于 Web 的编程平台，专为初学者设计，适合 7 岁及以上的青少年。它降低了编程的门槛，让用户能够快速上手。它结合了图形化编程和文本编程的优点，旨在帮助用户轻松入门编程，并逐步过渡到更复杂的编程任务。

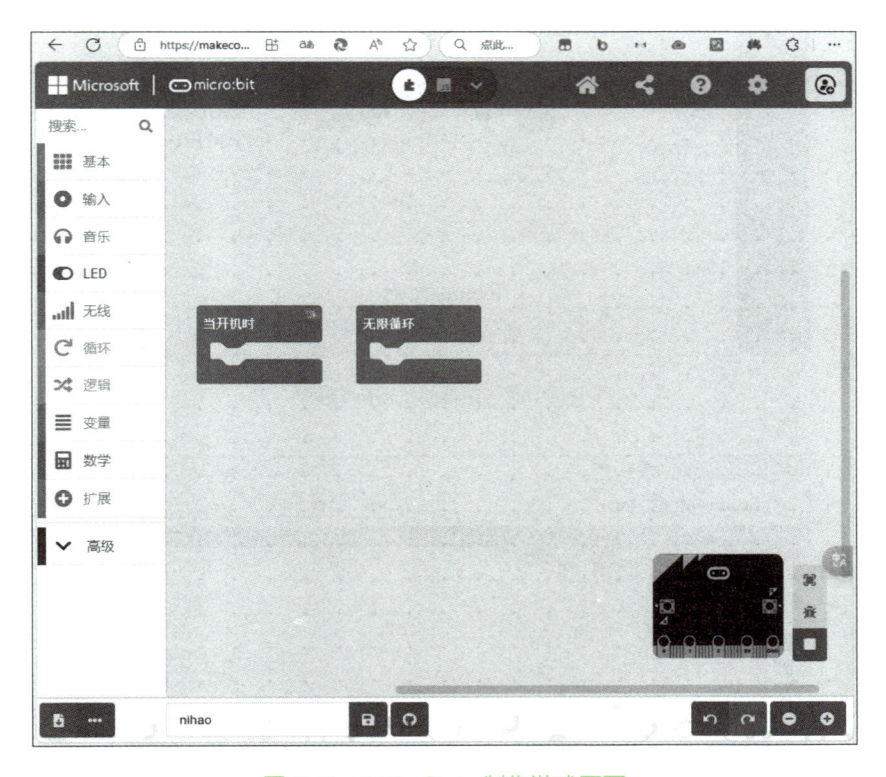

图 6-41　MakeCode 制作游戏页面

Pencil Code 使用 Droplet 编辑器作为核心工具，支持多种编程语言，包括 CoffeeScript、JavaScript 和 Python。

Pencil Code 提供了图形化编程界面，用户可以通过拖拽代码块来编写程序，类似于 Scratch 和 Blockly。单击图 6-42 中的"Let's play！"按钮就可以进入编程页面，如图 6-43 所示。

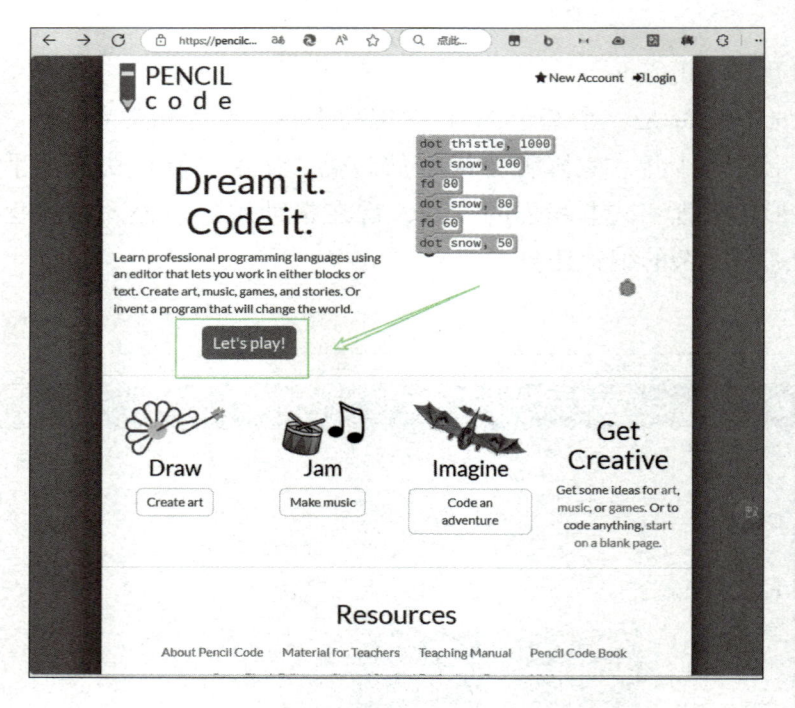

图 6-42　Pencil Code 官网

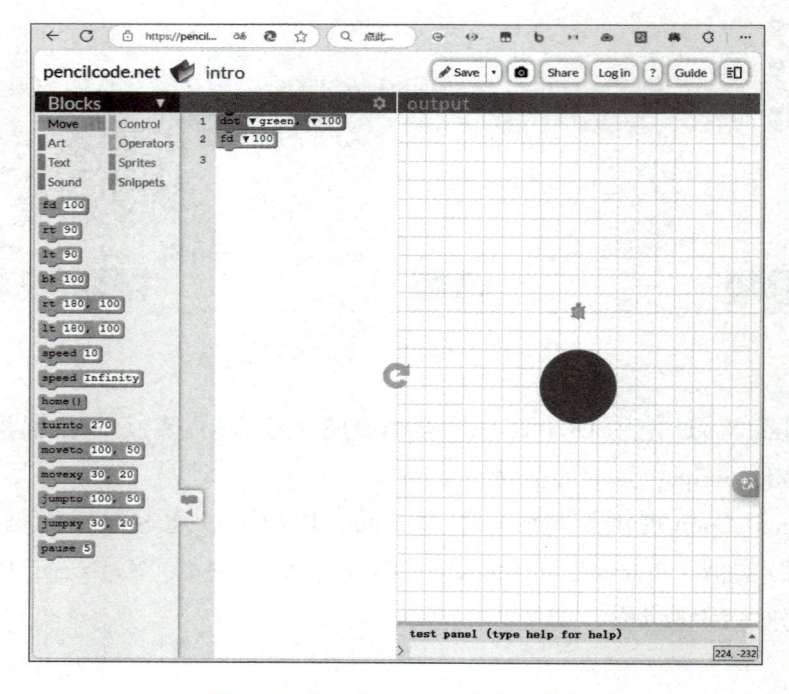

图 6-43　Pencil Code 制作游戏页面

### ❷ 机器人编程

mBlock 是基于 Scratch 开发的 mBot 机器人，支持硬件编程，适合 8 岁以上的孩子。它可以通过 https://mblock.makeblock.com/zh/ 进行访问，如图 6-44 所示。

图 6-44　mBlock 官网

滑动鼠标滚轮，在官网主页下方找到"进入图形化编程"和"进入 Python 编程"，这里推荐没有 Python 基础的小朋友选择"进入图形化编程"。

适用场景：适合对机器人编程感兴趣但尚未接触过复杂硬件的孩子。

优点：界面友好，与 mBot 等硬件设备兼容，适合初学者。

缺点：功能相对有限，适合入门级学习。

在图 6-45 中单击"进入图形化编程"按钮，将进入图形化编程页面，如图 6-46 所示。如果在图 6-45 中单击"进入 Python 编程"按钮，将进入 Python 编程页面，如图 6-47 所示。两种方法都可以进行编程，可根据需求选择。

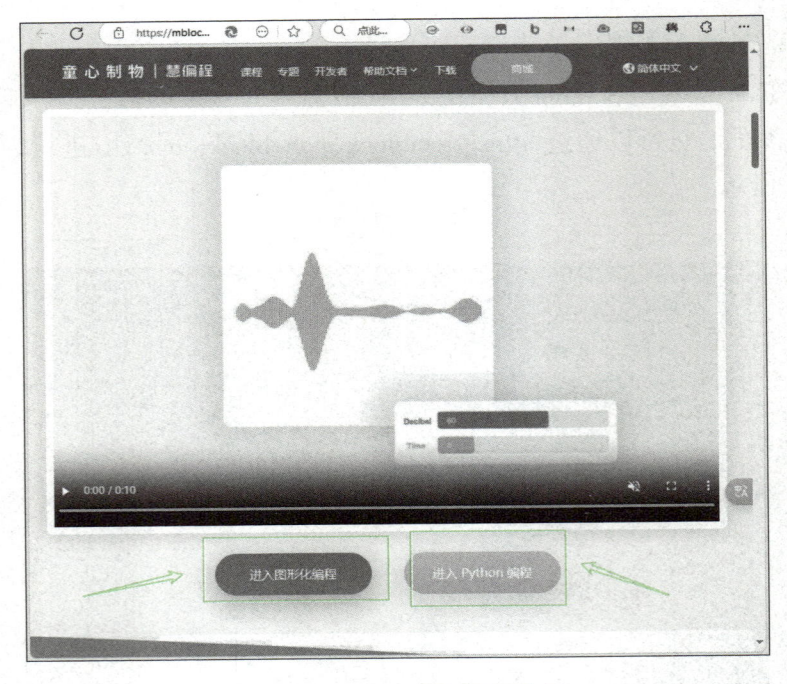

图 6-45　mBlock 进入编程选项

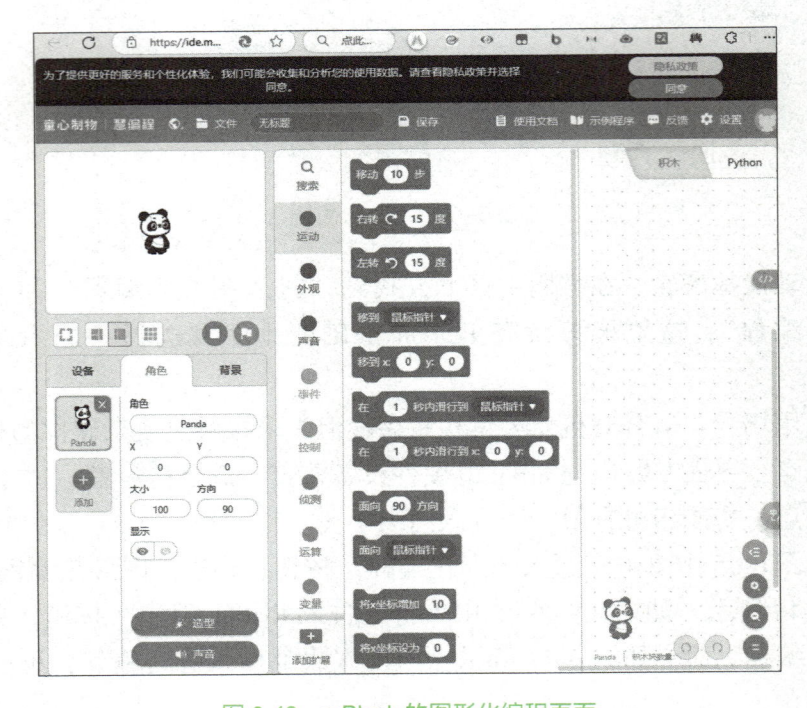

图 6-46　mBlock 的图形化编程页面

图 6-47　mBlock 的 Python 编程页面

### ❸ Python 入门

在安装完 Python（安装方法见附录）后，使用 pip 安装 Jupyter Notebook。

```
pip install jupyter notebook
```

安装完成后，使用以下命令启动 Jupyter Notebook，默认会在浏览器中打开页面。

```
jupyter notebook
```

在打开的页面中依次执行 File→New→Notebook 命令，如图 6-48 所示，即可进入 Python 程序设计页面，如图 6-49 所示，在输入框中输入代码后单击▶（运行）按钮就可以运行程序了。

下面编写一段输出"Hello，World!"的 Python 代码，它是 Python 编程中经典的入门任务，用于验证环境是否正确设置。

1）使用 DeepSeek，输入提示词：

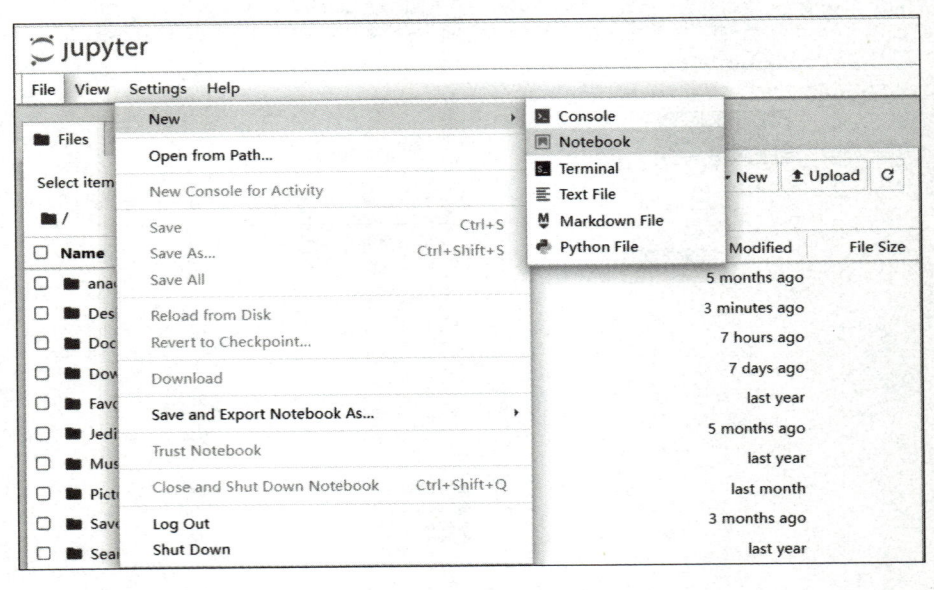

图 6-48　Jupyter Notebook 主页面

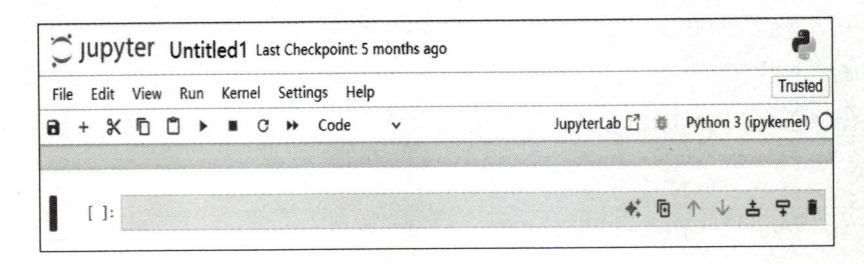

图 6-49　Python 程序设计页面

编写 Python 代码,输出"Hello,World!"

2）DeepSeek 的输出如下：

print("Hello,World!")

3）在 Jupyter Notebook 的输入框中输入 DeepSeek 输出的 Python 代码之后，单击页面上方的▶（运行）按钮运行代码，运行结果如图 6-50 所示。

解释：print( )是一个函数，用于在屏幕上显示文本。

图 6-50　运行结果

## 6.3.3　编程小挑战：用 AI 完成编程任务

**任务 1**　使用 Python 计算两个数的和（这个任务可帮助初学者理解变量和基本运算）。

1）使用 DeepSeek，输入提示词：

"使用 Python 计算两个数的和。"

2）DeepSeek 的输出如下：

# 输入两个数字
```
num1=int(input("请输入第一个数字: "))
num2=int(input("请输入第二个数字: "))
```
# 计算和
```
sum=num1+num2
```
# 输出结果
```
print("两个数字的和是: ",sum)
```

3）将 DeepSeek 输出结果放到在线编程软件中运行，输入之后，单击左侧的"播放（运行）"图标按钮运行代码。然后，输入第一个数字 2，输入后按回车键，输入第二个数字 3，输入后按回车键，运行结果如图 6-51 所示。

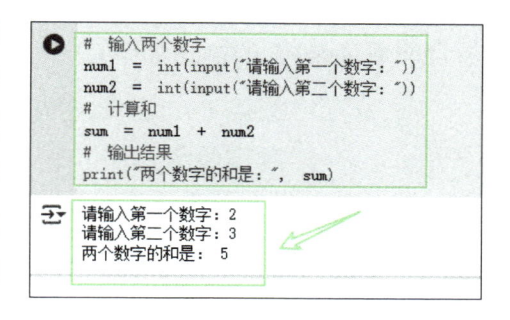

图 6-51　计算两个数的和

解释：input( )函数用于获取用户输入，int( )函数用于将输入的字符串转换为整数。

**任务 2** 使用 Python 判断一个数是否为偶数（这个任务可帮助初学者理解条件语句）。

1）使用 DeepSeek，输入提示词：

"使用 Python 判断一个数是否为偶数。"

2）DeepSeek 的输出如下：

```
# 输入一个数字
num=int(input("请输入一个数字: "))
# 判断是否为偶数
if num% 2==0:
    print(num,"是偶数")
else:
    print(num,"是奇数")
```

3）将 DeepSeek 输出结果放到在线编程软件中运行，输入之后，单击左侧的"播放"图标按钮运行代码。然后输入一个数字 5，输入后按回车键，运行结果如图 6-52 所示。

解释："%"是取模运算符，"num % 2 = = 0"用于判断一个数是否能被 2 整除。

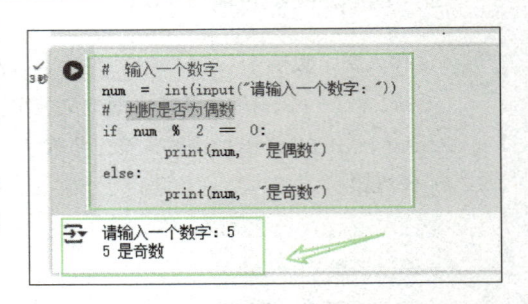

图 6-52 判断一个数是否为偶数

**任务 3** 使用 Python 输出乘法表（这个任务可帮助初学者理解嵌套循环）。

1）使用 DeepSeek，输入提示词：

"使用 Python 输出乘法表。"

2）DeepSeek 的输出如下：

```
# 输出9×9乘法表
for i in range(1,10):
    for j in range(1,i+1):
        print(f"{j}x{i}={i*j}",end=" \t")
    print()
```

3）将 DeepSeek 输出结果放到在线编程软件中运行，输入之后，单击左侧的"播放"图标按钮运行代码，运行结果如图 6-53 所示。

图 6-53　使用 Python 输出乘法表

解释："f"{j}x{i}={i * j}""是格式化字符串，"end=" \t""用于在同一行输出。

## 6.4　其他有趣的 AI 工具

在 AI 技术的推动下，我们的生活和学习方式正在发生翻天覆地的变化。除了在艺术、音乐和编程领域应用以外，AI 还在翻译、语音交互和游戏设计等方面展现出了巨大的潜力。这些工具不仅让我们的日常生活变得更加便捷，还为学习和娱乐带来了全新的体验。

### 6.4.1　AI 翻译工具：轻松学习外语

AI 翻译工具通过先进的语言模型和神经网络技术，能够实现多种语言之间的快速、准确互译。

**练习1** 小明在阅读一本英文绘本时，遇到了一个不认识的单词"butterfly"。

1）打开百度翻译官网，如图6-54所示。

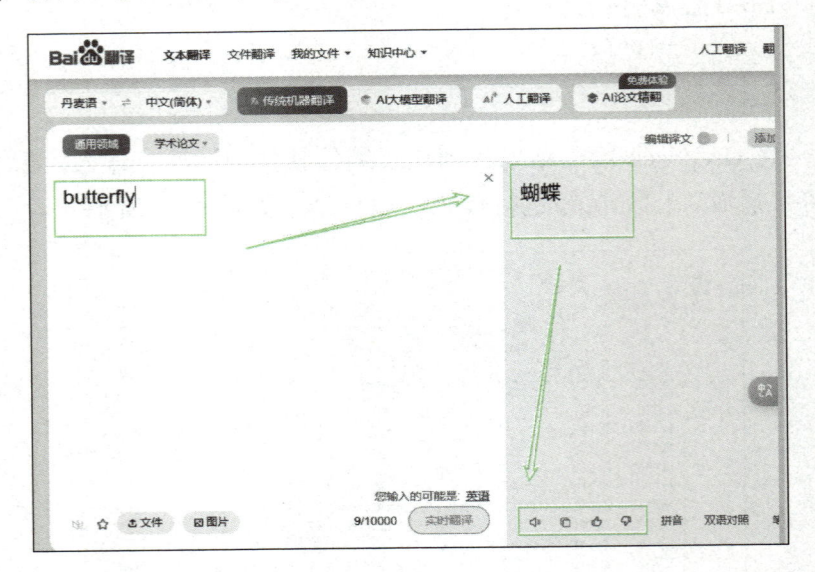

图6-54 百度翻译官网

2）输入"butterfly"，将其翻译为中文。

3）单击"语音朗读"图标按钮，听几遍正确的发音，跟着模仿几遍。

4）查看其他翻译，学习更多的单词。

**练习2** 小华在学习写英语作文时，想用更地道的表达来描述美丽的风景，因此想将中文句子"美丽的风景让人陶醉"翻译为地道的英文句子。

1）打开 DeepL 翻译官网，如图 6-55 所示。

2）输入"美丽的风景让人陶醉"，将其翻译为英文。

3）单击"语音朗读"图标按钮，听几遍正确的发音，跟着模仿几遍。

4）查看"其他方案"，学习更多的单词。

图 6-55　DeepL 翻译官网

**练习 3**　小美在学习西班牙语时，学习了基础词汇和语法，现在想要知道"你好，我叫小美"的发音。

1）打开 Yandex 翻译官网，如图 6-56 所示。

图 6-56　Yandex 翻译官网

203

2）输入"你好，我叫小美"，将其翻译为西班牙语。

3）单击"语音朗读"图标按钮，听几遍正确的发音，跟着模仿几遍，以提高口语能力。

**练习4** 小强在学习日语时，想知道"我喜欢看日本动漫"的日语表达是什么。

1）打开有道翻译官网，如图6-57所示。

图 6-57　有道翻译官网

2）输入"我喜欢看日本动漫"，将其翻译为日语。

3）单击"语音朗读"图标按钮，听几遍正确的发音，跟着模仿几遍，以提高口语能力。

### 6.4.2　AI 语音助手：让 AI 帮你完成日常任务

AI 语音助手通过语音识别和自然语言处理技术，能够理解用户的语音指令并执行相应任务。以下是一些常见的 AI 语音助手。

- Ichigo：开源的多模态 AI 语音助手，支持实时语音处理和跨模态交互，能够处理多种语言，适用于智能家居控制、虚拟个人助理和教育辅助等场景。

- 百聆：基于深度学习技术的 AI 语音助手，支持语音识别、语音活动检测、大语言模型处理和语音合成，能够用于智能家居控制、个人助理服务和教育辅助。
- AnyVoice：专注于语音合成的 AI 工具，可以将文本转换为自然的语音，提供多种声音选择，适用于内容创作和教育领域。

这些语音助手能够帮助用户更便捷地完成日常任务，如查询信息、管理日程、控制智能家居设备等。

可根据需求选择适合的 AI 语音助手，但要平衡功能、兼容性与隐私性之间的关系。

# 附录　Python的获取与安装

下面以 Windows 平台为例，向大家介绍 Python 的下载与安装。

### 1　安装程序下载

1）在 IE 浏览器中输入网址 https：//www.python.org/，进入 Python 官网，在官网中单击"Downloads"按钮，进入下载页面，如图 A-1 所示。

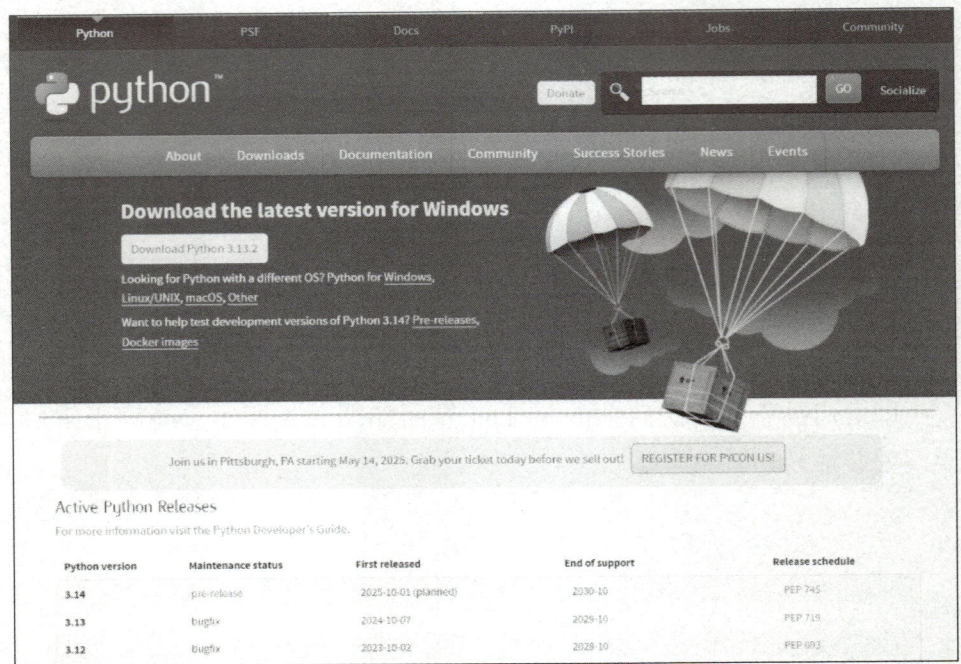

图 A-1　Python 下载页面

2）在下载页面中单击"Download Python 3.12.2"按钮，弹出如图 A-2 所示的"新建下载任务"窗口，单击"下载"按钮即可下载该版本的安装包。

图 A-2　新建下载任务

### 2 安装与启动

1）双击刚下载完成的安装包 python-3.12.2-amd64，或者右键单击它，然后在弹出的快捷菜单中执行"以管理员身份运行"命令。

2）在弹出的安装提示框中，"Install Now"表示选择默认安装，"Customize installation"表示自定义安装，这里选择默认安装。单击"Install Now"，如图 A-3a 所示，然后进入安装页面，会以进度条形式显示安装进度，如图 A-3b 所示。

说明：安装时，请勾选"Add python.exe to PATH"复选框，这样可以将 Python 的命令工具所在目录添加到系统 PATH 环境变量中，方便后续开发程序或运行 Python 命令。

3）安装完成后，弹出安装成功提示框，如图 A-3c 所示，表示安装完成。单击"Close"按钮退出安装界面。

4）在 Windows 的"开始"菜单中找到刚安装的 Python 3.12 并单击它，即可启动它。首次启动的 Python 界面如图 A-4 所示。能够正常启动说明安装成功。

5）在 Windows 的"开始"菜单中，还可以找到刚安装的"IDLE (Python 3.12 64-bit)"，单击它，即可启动与 Python 集成的开发环境 IDLE Shell，如图 A-5 所示。

IDLE Shell 的上方为菜单栏，下方为 Python 运行的控制台，其输入和输出操作均在此界面完成。

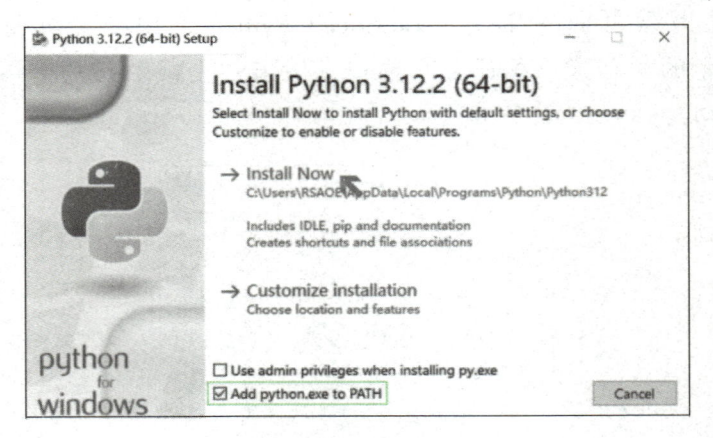

a）安装提示框

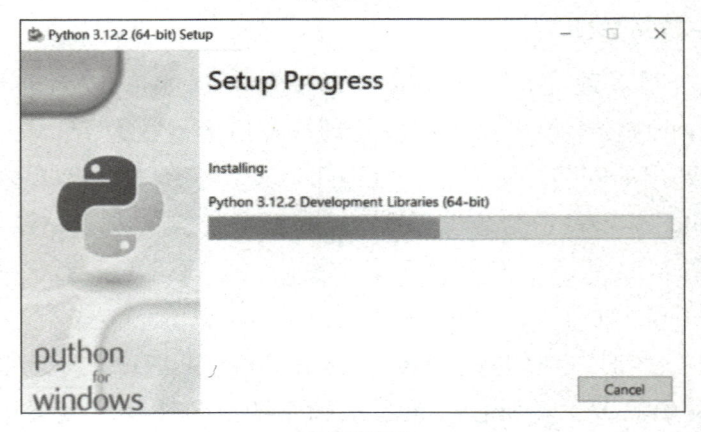

b）安装进度

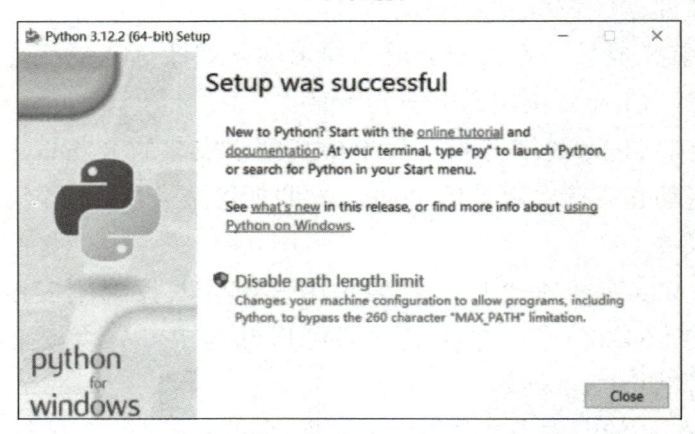

c）安装完成

图 A-3　安装 Python

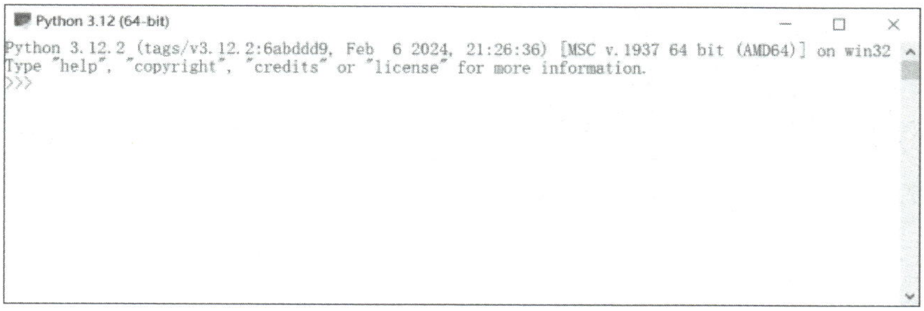

图 A-4　Python 主界面

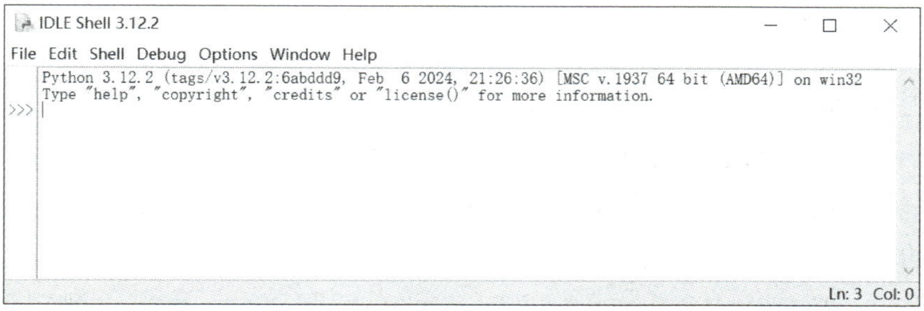

图 A-5　IDLE Shell

Python 的运行均由语句实现，使用时在提示符"＞＞＞"后输入语句代码，每次可以输入一条语句，也可以连续输入多条语句，语句之间用分号"；"隔开。在语句输入完成后，按回车键，Python 就会运行该语句并输出相应的结果。

在控制台上依次输入以下代码，并观察它们的输出结果。

```
>>> 3+8                  # 在提示符后输入命令,按回车键
    11
>>>print('Hello Ding')
    Hello Ding
>>> a=1
>>> b=2
>>>print(a+b)
    3
>>> c=4 ; d=2
>>>print(c*d)
    8
>>> exit()               # 输入该命令,然后按回车键即可退出交互式编程环境
```

## 后记　学会与AI相处，走向属于你的未来

当你翻到这本书的最后一页时，我们已经一起走过从认识AI、了解DeepSeek，到实际操作、动手创作的完整旅程。你是不是已经发现，原来AI并不遥远，它就在我们身边，并且正在用一种全新的方式悄悄改变着我们的学习、生活与思考方式。

在这一段旅途中，DeepSeek像一个贴心的朋友，一次次出现在你需要它的地方：帮你写作文、讲题目、讲故事、讲道理；它既可以是你完成任务的"助手"，也是你表达创意的"搭档"。它不是替你完成一切，而是陪你一起成长、一起思考，让你在不断探索中，找到属于自己的答案。

希望你在读完这本书之后，能带着好奇心继续走下去。不要害怕尝试，不要担心不会，因为学习AI，就像学画画、写字、唱歌一样，越练越有趣，越玩越聪明。未来的世界会充满AI，而你，已经拥有了通向未来的"魔法钥匙"。

对于家长和老师来说，AI不是取代，而是连接——它帮助我们更好地理解孩子的兴趣与能力，给予他们适时的支持与引导。在AI的陪伴下，教育不再是单向的灌输，而是更加灵活、更加人性化的双向成长。

DeepSeek打开了一扇通向一个充满无限可能的世界的窗户。而你，正是那个能够用好它、驾驭它、创造它的"未来探索者"。

愿你以兴趣为笔、以AI为翼，绘出属于自己的未来蓝图。成长的路上，DeepSeek一直都在。

我们期待，在不久的将来，再次与你相遇，那时的你，也许已经是一个用AI解决问题、创造价值的小小科学家啦！